新一代移动融合网络
理论与技术

Next Generation Mobile
Networks Convergence :
Theory and Practice

童晓渝　刘　露　李璐颖　编著
张云勇　房秉毅　陈清金

人民邮电出版社

北　京

图书在版编目（CIP）数据

新一代移动融合网络理论与技术／童晓渝等编著
. -- 北京 ：人民邮电出版社，2012.8
ISBN 978-7-115-28126-5

Ⅰ．①新… Ⅱ．①童… Ⅲ．①移动通信—通信网
Ⅳ．①TN929.5

中国版本图书馆CIP数据核字(2012)第083340号

内 容 提 要

　　本书从目前的移动通信产业融合现状和技术趋势入手，提出新一代移动通信网络的融合架构和技术方法，形成以用户需求为中心，协调调用各类网络资源共同完成具有端到端质量保证的业务提供，构建移动融合网络综合体系。本书融通俗性、完整性、实用性、丰富性于一体，有助于广大读者理解移动融合网络的网络架构、各种网络协议和网络机制。本书既可作为研究生和本科高年级的教材，也可供工程技术人员、IT、电信运营管理人员参考。

新一代移动融合网络理论与技术

◆ 编　　著　童晓渝　刘　露　李璐颖　张云勇　房秉毅　陈清金
　　责任编辑　邢建春

◆ 人民邮电出版社出版发行　北京市崇文区夕照寺街 14 号
　　邮编　100061　电子邮件　315@ptpress.com.cn
　　网址　http://www.ptpress.com.cn
　　北京铭成印刷有限公司印刷

◆ 开本：700×1000　1/16
　　印张：10.25　　　　　　2012 年 8 月第 1 版
　　字数：153 千字　　　　2012 年 8 月北京第 1 次印刷

ISBN 978-7-115-28126-5

定价：38.00 元
读者服务热线：**(010)67119329** 印装质量热线：**(010)67129223**
反盗版热线：**(010)67171154**

前　言

随着智能终端的不断普及，资费不断下降和日益丰富的多媒体业务，使得用户对移动宽带的需求日益强烈。与此同时数据流量的剧增，将成为业务发展的主要瓶颈。传统方案通过扩容来加厚覆盖，这势必带来成本压力，运营商希望寻找一种低成本的接入方式卸载流量。

固定网和移动网的有效融合，发挥固定宽带与移动宽带的互补优势，不断丰富宽带产品应用，保持宽带运营领域的领先优势，将成为运营商宽带战略重要手段。至今已有很多国家有了商业操作的 3G 网络，但我们注意到一个事实，这些商用的系统似乎效果并不是很好，因为大多数用户并不想为了不算很好的接入速度花费很大的代价。而与之对应的，WLAN 却有着低廉的价格和高速的接入，并且在可预见的未来，速度会进一步提升。因而单就接入技术来讲，WLAN 是有优势的。但同时 WLAN 的覆盖范围较小，使得用户的移动性受到很大的限制。这时一个自然的想法就是利用 3G 良好漫游特性和安全的计费服务系统，来整合 WLAN 的接入方式，为用户提供良好的移动性、高的接入速度和相对低廉的价格。

从市场生存空间来看，3G 和 WLAN 覆盖了不同的群体，互相结合会扩大各自的用户群体，为用户创造方便的上网条件；同时为运营商带来利润。3G 系统与 WLAN 的互联可以实现优势互补，既保留了 3G 系统在计费管理、漫游和安全方面的优势，又能以较低的成本实现热点地区的覆盖，既可以减少运营商的网络投资费用，又可以在大范围内实现较高的接入速率，并且未来的第四代移动通信系统也表现为类 3G 和类 WLAN 技术的混合体，两者的互连已成必然趋势。

鉴于 WLAN 技术在高带宽、成本廉价和应用普及等方面具有独到优势，将 2G/3G 和 WLAN 融合，从而使得终端既能够通过 WLAN 访问大流量的 Internet 业务，以减少对 2G/3G 的带宽压力，又能够通过 WLAN 访问运营商的 PS 域业务（如 MMS、手机邮箱、手机下载等），并可以利用 3GPP 补充 WLAN 功能（如认证、计费、精细的业务控制），最终可以提升用户的体验，降低建网成本，增强竞争力。

WLAN 与 3G/LTE 的融合互通一方面为移动用户提供了多种接入选择，丰富的应用业务，并提供更加可靠、高效的数据传输服务；另一方面也为移动通信系统的回传网络在带宽、可靠性、可扩展性提出了更高的要求。

本书内容不仅涵盖新一代移动融合网络架构、融合中的关键技术、融合网络的协议等内容。更难能可贵的是从实际出发，详细而深入地介绍了从运营商角度探索 WLAN 与 2G/3G 网络融合模式，为实际应用提供了决策和规模部署的支撑，最终可以提升用户的体验，降低建网成本，增强竞争力。

本书结构如下：第 1 章分析了移动融合网络发展现状，融合网络发展的需求及未来的发展趋势。第 2 和第 3 章重点介绍移动通信网络中的各种关键技术及现有移动融合网络架构。第 4～7 章从网络协议转换与匹配，网络回传机制与负荷分担及网络业务安全角度，着重介绍移动融合网络的具体解决方案。第 8 章结合最新的移动互联网和云计算技术，简要阐述了未来一种适应于业务发展的移动融合网络架构。

本书具有如下 4 大特色：

1）通俗性

本书介绍了移动融合网络的基本知识，从具体技术理论到运营商实际案例等相关知识全部涵盖。读者只需具备基本的电信及 IT 知识即可。每章的标题就是对该章内容的高度概括，在接下来的内容中对其进行的解释尽可能做到准确、翔实。

2）完整性

本书从网络架构、具体技术细节到具体网络实现都进行了周详的论述。

3）实用性

本书紧密结合实际，从社会需求、产业转型，到技术支持、企业应用等各方面进行分析和论述。

4）新颖性

本书对最新的产业进展和国内外研究进展都进行了介绍，并对未来发展进行展望。

本书由童晓渝等负责策划和通稿。第 1、3、4、5 章由刘露编写，第 6、7 章由李璐颖编写，第 2、8 章由童晓渝、张云勇、房秉毅编写。参加写作的成员还有：邓浩、李卫、李净、陈清金、汪芳、杜伟杰、周巍、徐雷、贾兴华、贾宝军、郭志斌、彭久生、程莹、魏进武（以姓氏笔划为序）。

本书得到新一代宽带无线移动通信网国家科技重大专项无线局域网与蜂窝移动通信网融合技术研究与验证项目的基金资助(2010ZX03005-002-03)；同时感谢联通集团技术部张忠平总经理、王明会经理，重庆联通李怡滨副总经理、吴在学副总经理，重庆联通网建部金勇副经理、胡洋平业务主管，以及华为技术有限公司、中国科学院计算技术研究所、中兴通讯股份有限公司、邮电部数据通信产品质量监督检验中心的帮助。同时感谢中国联通集团客户部成洁经理、王炯高工对本书的大力协助。

本书凝聚了作者长期的网络运营实践经验以及研究思考的成果。作者广泛收集了国内外相关材料，参考了一些最新论著，在本书编写过程中也引用了部分材料，在此表示感谢。

本书内容是作者本人的大胆探索和思考，仅代表个人观点，与任何机构的立场无关。我们希望通过大家共同的努力，理清未来运营商业务模式转型的途径，如何构建新的移动融合网络系统涉及的内容庞大，由于作者水平有限，加之时间仓促，书中难免有错误、不当之处，恳请广大专家、学者不吝批评指正。

作者
2012 年 3 月于北京

目　　录

第1章

　　现如今，通信网络结构正在向异构融合和泛在化的方向不断演进。以用户需求为中心，协调调用各类网络资源，共同完成具有端到端质量保证的业务提供，已成为当前移动融合网络的首要任务。随着市场竞争的需要，当今移动通信产业的发展正从技术驱动模式向业务牵引模式发生转变。互联网、移动通信和数字化的广播电视网在业务、网络和终端3个层面不断融合，通信网络结构正经历着向融合和泛在化的方向演变。在移动融合网络中，不同类型的业务对网络性能的要求千差万别。

　　虽然当前大规模的网络部署使得数据在核心网内的传送更加高效，但是有限的网络资源与大量的业务接入依然形成鲜明对比。为了能够在有限的网络资源内更好地为用户提供差异化服务，移动融合网络的业务提供过程不仅需要从技术层面考虑业务质量需求、网络服务能力，还需要兼顾用户体验、投资成本、网络收益等面向运营流程的各个方面。

1.1　移动融合网络概念解析

1.1.1　移动融合网络的发展需求

　　通信技术在近10年呈现出异常繁荣的景象，伴随着通信技术的发展，用户需求的提高，电信业务也逐渐向多样化的方式发展。在用户需求的不断驱动下，网络系统的结构更加复杂。与此同时，3G（3rd Generation，第三代移动通信技术）/WLAN（Wireless Local Area Network，无线局域网）/WiMAX（Worldwide Interoperability for Microwave Access 全球微波接入互操作性）等系统的引入以及现有各种二代移动网络的继续运营，多种类型通信网络共存的现象已经成为了信息网络发展的大趋势。多种类型通信网络的共存，即形成移动融合网络。

融合已经成为了当今信息网络发展的大方向。从 ITU（International Telecommunication Union，国际电信联盟）提出的 NGN （Next Generation Network，下一代网络），国际上各大运营商广为关注的 FMC（Fixed Mobile Convergence，固定移动融合）到我国"十一五"提出的三网融合（电信网、计算机网和有线电视网），它们无不反映着这种网络融合的趋势。根据国际电信联盟描述，网络融合就是通过互联、互操作的电信网、计算机网和电视网等网络资源的无缝融合，构成一个具有统一接入和应用界面的高效网络，使人类能在任何时间和地点，以一种可以接受的费用和质量，安全地享受多种方式的信息应用。

1.1.2　移动融合网络的概念和内涵

总体来看，"移动"的概念是指未来网络具备的物理特征，即多种无线终端接入的形式；而"融合"不仅指的是一种统一的网络状态，更多的是从技术层面上解释如何在异构的网络环境中提供逻辑上统一的业务环境。

从不同角度理解移动融合网络的概念，包含以下 4 个大方面。

1．用户业务的融合

用户业务的融合即是以用户为中心来感知各项电信业务。用户业务融合的理念在于，用户并不需要知道目前使用何种通信技术，而总是能够在任何地点、任何时间、在相同的业务体验下通过最合理的方式使用电信业务。

这种电信业务环境包含了现有所有的业务环境（如电话业务、无线/移动业务、广播和分布式业务以及 Internet 等）提供的所有电信业务和应用。

2．设备的异构/融合

对于网络设备，设备提供商针对不同的网络构成都有各自不同的解决方案。网络的异构性给不同域设备间带来的互通问题阻碍了网络信息的交互。异构/融合网络的处理方式是提供开放统一的业务接口，使设备间可以进行信息的互通和功能的调用，最终实现设备级的融合。

对于终端设备，移动及固定业务下一步的发展趋势是将各种不同的功能集成到同一设备上，提高设备的便携性，向用户提供更为丰富的新型业务。

3．架构的异构/融合

从网络结构上看，网络的异构/融合指的是物理层接入网络的异构（代表技术为 3G、HSPA、LTE 及 WiMAX 等），上层核心网络承载的融合。互联网体系已经广泛应用于通信网络，促使整个网络向全 IP 化的方向发展，并将 IP 的使用范围最终扩展到所有的承载及控制层面。因此异构/融合网络将是基于 IP 分组的数字通信技术为核心的通信信息网络，并随着接入网和核心网带宽的提高不断加速其 IP 化的进程。

4．商业模式的异构/融合

传统的纵向商业模式是通过单一的运营企业来提供完整的业务流程，但是随着业务、设备以及网络的不断融合，这种商业模式给业务提供的灵活性和不同运营商之间的互通带来越来越大的困难。取而代之，新型的商业模式采取了松散耦合的多方协作模式，即可以使用任何网络接入手段向不同的消费群体提供定制的业务。同时商业模式的融合体现了人们对于通信移动化和个性化的需求，意味着通信市场环境的更为开放，但同时也对支持的技术手段提出了更高的要求。

综合上述分析，4 个方面环环驱动和相互支持，为网络总体的移动融合化提供了不同层面的解决方案。

1.1.3　移动融合网络的研究热点

移动融合网络具有丰富的内涵，其研究范围相当广泛。目前，研究热点主要集中在以下几方面。

1．融合互通框架模型

对于移动融合的网络，在不同的运营商之间要求将网络划分为不同的控制域和管理域，而且每个运营商网络也需要划分不同等级的运营与管理域，因此需要构造不同类型、不同运营及不同控制域和管理域之间的互通模型。同时，这种互通需要在不同的层面上（例如传输层、交换层、应用层等）来实现。

2．业务提供和广泛移动性

异构/融合网络是以业务驱动为特征的网络，它将业务从承载网中剥离出来，构建于统一的开放平台上。业务支撑环境能充分利用下层网络提供的业务能力,快速向用户提供丰富的高质量增值业务,业务还必须能支持广泛位置移动性,即当用户采用不同的接入技术时,将作为单个流程来处理,允许用户跨越现有网络边界使用和管理业务。同时,网络应具有识别和认证机制,接入控制和授权功能,位置管理,支持终端或会话的 IP 地址分配和管理功能,支持用户虚拟归属环境管理功能,支持用户管理功能能等。

3. QoS 保障问题

目前的研究主要集中在呼叫接入控制(CAC)、垂直切换、异构资源分配和网络选择等资源管理算法方面。传统移动通信网络的 QoS 保障算法已经被广泛研究并取得了丰硕的成果,但是在异构网络融合系统中的资源管理由于网络的异构性、用户的移动性、资源和用户需求的多样性和不确定性等特点,给网络中的 QoS 研究带来了极大的挑战。

4. 网络智能管理和综合运营支撑

完善的网络管理和运营支撑是网络成熟运营的重要基础。异构/融合网络必须同时满足不同网络管理技术的要求(包括简单网络管理协议、电信管理网、公共对象请求结构和远程登录等),还必须能动态地支持业务,灵活地适应市场发展。因此,智能的网络管理需要研究如何完善和增强核心网络管理的体系,定义适用于异构/融合网络要求(故障管理、性能管理、用户管理、计费/账务管理、业务量和路由管理等)的基本网络管理接口,以及应用新的网络管理体系和管理技术。

1.2 移动融合网络的特点

在面向网络运营的过程中,运营商首先需要迫切解决两方面的难题。一是如何整合业务模式,提供具有市场前景的多媒体业务;二是如何以灵活的方式应对现有网络的改造,使之能够提供上述业务。下面分别从两方面进行考虑。

1.2.1 业务模式的广泛性

在新的网络结构中,应该考虑不断变化的用户需求,在新的网络结构中能够按照用户期望灵活地提供各种业务。对于运营商则包含了产业的转型和业务实现的转型,如图 1-1 所示。

在传统的网络结构中,分属于不同产业的网络由不同的网络运营商提供。计费、路由、网络管理及业务提供等功能均随业务需求和网络结构的不同而不同。这种实现方式的缺点在于网络建立和维护的成本非常高,基础设施重复建设,网络资源没有得到有效利用。

结合移动融合网络的特点,新的业务实现需要结合网络分层结构的思想,运营商将不再依赖于传统的搭积木的方式来提供新业务。统一提供的业务模式可以整合多个网络提供商的业务资源,使得业务资源及通用功能可以为多种不同的应用所重用,并且为所有业务建立统一的互联关系。通过层次化的结构,运营商可以屏蔽网络底层的异构性,为用户提供一个统一的业务呈现。

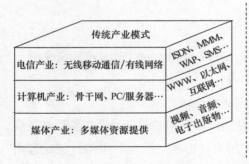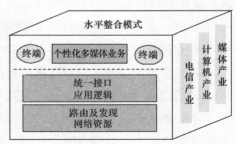

图 1-1　传统网络和异构/融合网络业务模式的比较

1.2.2　统一的全 IP 的网络结构

融合的 IP 网络有助于为运营商提供更加灵活快捷的网络环境,创建具有高度可用性的自适应网络,并支持各种不同的业务特征。全 IP 网络结构(如图 1-2 所示)以 IP 技术为核心;Everything over IP,提供实时性、非实时性数据、不同业务质量等级要求的多媒体业务;IP over everything,即 IP 运行在各种链路层技术的混合网结构上,将 IP 技术和其他业务质量保障机制相结合,用以实现电信级别的可运营网络。

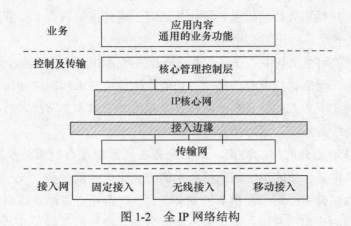

图 1-2　全 IP 网络结构

在新的网络结构中，用户和网络的连接不再是位于接入网的尽力而为的接入，而是通过网络的不同层面相互协调提供的融合业务。作为未来网的发展方向，全 IP 网络反映了异构网络融合的发展趋势和业务灵活部署的业务需求，其主要特征如下：

- 所有业务及应用均基于 IP 技术；
- 业务控制由会话初始协议（SIP，Session Initiation Protocol）完成；
- 业务流量完全由分组数据分组组成；
- 通过多种不同接入方式实现基于 IP 的连接。

异构/融合网络要求基于 IP 的核心网络结构是可扩展的，且在各种复杂接入及网络结构下可以预留网络资源，使用户获得相对满意的服务。就运营商而言，网络可运营的首要条件是能够提供与传统电信网络可比拟的服务质量，这对全 IP 的异构/融合网络仍然是一个巨大的挑战。

1.2.3　网络的安全性及私密性

IP 网络固有的安全问题随着网络的部署也将逐渐凸显。终端智能化、开放性是安全隐患存在的土壤。安全问题存在于两方面，即终端的安全和网络的安全。终端安全是指终端自身安全，如病毒传染、恶意攻击等，而网络安全则是指提供服务设备的安全性，但两者往往互相影响，终端受到恶意代码的劫持往往演变成网络的灾难。

传统电信业务使用者已经适应了 7×24h 不间断的服务，IP 网引入的安全问题可能会减少服务的连续时间，尤其是受政府管制强制提供的业务（如紧急呼叫）在 IP 域提供将面临更为严峻的挑战。安全性对于固定、移动网络来说同样存在，无线网络由于其接入侧的空中传输特性，在接入侧加密需求更加迫切。加密所作用的层次也有多种选择。

1. 数据链路层加密

该加密是由接入网完成的，IMS 核心网无需感知，缺点是未必所有的底层设施均提供了加密能力，从而使用户通过不同的介质接入会产生不同的安全感受。

2. IP 层加密

如 3GPP IMS 所采用的基于认证与密钥协商(AKA)的 IP 安全协议(IPSec)。它可以很好地解决接入层不支持加密的问题，但其仍然仅限于呼叫信令层面，未对媒体层面的加密有所表述。同时 IP 层面的加密在通过某些 3 层以上设备(如端口地址转换(NAPT)设备)时会产生互通问题。

3. 传输层加密

如 RFC 3261 推荐的传输层安全协议（TLS）。TLS 与传统超文本传输协议（HTTP）的安全解决方案相同，已经得到广泛的应用与验证，其可以避免穿越 NAPT 这样的 3 层以上设备产生的问题，但其仍然未对媒体面进行加密规定。

4. 应用层加密

如对 SIP 消息体进行加密或签名。但如前所述，这将导致某些司法行为不能执行，因此被禁止。

1.2.4　移动性及环境感知性

中国互联网环境正在发生 3 大变化。一是互联网的内容，已从以前的文字、图片发展到音频、视频等富媒体形态，微博、电子商务、游戏等各种应用类型竞相出现；二是内容的传输方面发生改变，以往 CDN 负责将内容分发到各个节点，是单一的自上而下的传播，现在正逐渐演变成用户上传、用户之间互动、网站对外传播交叉进行的复杂局面；三是移动互联网的出现，使得用户在 Wi-Fi、3G、2G 等不同网络之间的切换变得频繁。

感知网络需要通信网络能够感知现存的网络环境，通过对所处环境的理解，实时调整通信网络的配置，智能地适应专业环境的变化。同时，它还具备从变化中学习的能力，且能把它们用到未来的决策中。在做所有决策的时候，网络都要把端对端（end-to-end）目标考虑进去，环境感知(context awareness)是一个关键。在环境感知环境中，像环境传感器、RFID 标签和智能手机等无线设备可以在网络上发送位置、现场和其他状态信息。某些专门开发的软件还能够捕捉、存储和分析数据，然后通过网络进行反馈，从而在终端设备上提供环境感知性能。

本章小结

移动融合已经成为通信业的发展趋势，成为运营商转型和发展的契机，随之而来的全新业务体验也会给予用户更多的便利和愉悦。虽然目前存在一些影响大规模商业部署的关键问题，但相信经过 3～5 年的发展和成熟，会逐步解决实时业务、网络安全等问题，运营商和通信产业也会建立与之适应的运营模式，固定移动融合将会面临美好的前景和未来。

参考文献：

［1］HANRAHAN. Network Convergence: Services, Applications, Transport and Operations Support [M]. John Wiley and Sons Ltd, 2007.

［2］西门柳上，马国良，刘清华. 正在爆发的互联网革命[M]. 北京：机械工业出版社，2009.

［3］周文安. 异构/融合网络的 QoS 管理与控制技术[M]. 北京：电子工业出版社，2009.

［4］http://www.itu.int/ITU-T/studygroups/com13/ngn2009/working_definition.html.

［5］BEJAOUI T, MOKDAD L. Adaptive hybrid call admission control policy for UMTS with underlying tunnel-WLANs Heterogeneous Networks [A]. ICC '09 [C]. 2009. 1-5.

［6］段永朝. 互联网：碎片化生存[M]. 北京：中信出版社，2009.

［7］林俐. 下一代无线网络跨层资源管理[M]. 北京：机械工业出版社，2011.

第2章

通信技术在 10 年内呈现出异常繁荣的景象。伴随着通信技术的发展，用户需求的提高，电信业务也逐渐向多样化的方式发展。多种类型通信网络共存的现象已经成为信息网络发展的大趋势。在移动融合网络中，为保证业务的成功接入，通常会有多个无线网络环境为用户提供连接服务。因此，在这样的情况下不仅需要根据具体业务类型和网络的连接质量进行判断。本章着重对移动通信网络中的各种关键技术做知识性的介绍，并加以分析，为广大读者提供一个详尽的知识背景介绍，为下一步融合网络的学习打下坚实基础。

2.1 HSPA+技术

2.1.1 HSPA+概述

自从 HSPA 引入到 WCDMA 网络以后，无线宽带业务得到了迅猛增长。据爱立信 WCDMA/HSPA 网络统计数据显示，从 2007～2009 年的短短两年间，移动数据业务在网络中的流量就增加了 15 倍。如今，WCDMA 网络负荷中数据业务已远远高于话音业务。另外，单就宽带业务市场，部分市场移动宽带业务的用户数甚至超过了传统的固定宽带用户数。而且，有业内人士预测，到 2014 年，移动宽带业务将远远超过固定宽带业务，成为宽带业务的主流。而这些移动宽带承载将主要是 HSPA+以及 LTE。移动宽带迅猛发展主要得益于 HSPA+技术峰值数据速率和时延等用户体验敏感的性能有着非常大的提高，从而促使越来越多的宽带用户选择使用更加便利的移动宽带网络。

2.1.2 HSPA+业务需求

目前，HSPA 网络中的数据应用已越来越丰富，如图 2-1 所示。

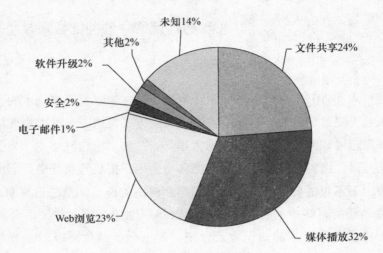

图 2-1　HSPA 网络数据流量分类

当初最开始使用 WCDMA 和移动宽带业务的时候，业界对所谓 3G 的杀手级应用有着很多的讨论。后来，大家意识到"速度"本身就是移动宽带业务的杀手级应用，HSPA+ 则无疑让这个"杀手级应用"得到进一步的发挥。当网络速率和容量等得到提高以后，终端用户会自动发展出许多新的应用，充分利用移动业务网络提供的业务发展空间。

当然，另一方面，市场中越来越多的智能移动终端支持更多更新的数据应用也为移动数据业务的发展提供了有力的支持。如大多数 HSPA 手机都支持多媒体播放；还有基于 HSPA 技术的无线路由器以及 PC 卡；USB 接口和带内置 HSPA 芯片的笔记本计算机高速数据接入。

但是，随着业务的发展出现了流量剧烈增加，而业务收入增长却没有得到相应的增长。因此，提高频谱效率和降低每比特成本成为亟待解决的问题。各运营商所拥有的带宽并不富裕，只有更有效地利用现有带宽才能扩展网络容量，吸纳更多的业务；只有不断降低每比特成本，进而降低使用费用，从而促进移动宽带业务的发展；另外，降低每比特成本也是提高运营商利润空间的必要条件。因此，目前移动宽带业务的快速发展，要求移动网络在速率、容量、带宽效率等方面进一步提高的同时，进一步降低每比特速率的成本。HSPA+的峰值频谱效率是 R6 的 3 倍；小区内平均增益在 1.5 倍，因此 HSPA+的演进以及 LTE 是移动运营商满足以上几方面要求的有效途径。

2.1.3 HSPA+标准化进展

为满足移动业务发展的需求，3GPP 从 R7 开始在改进用户速率及网络容量方面先后引进了下行 64QAM（21Mbit/s）、2×2 MIMO（28Mbit/s）、下行二层增强协议以及上行 16QAM。另外，还有 CPC 和下行增强的 Cell-FACH 功能；在 R8 中，下行引入了双载频技术（42Mbit/s），以及 64QAM + MIMO（42Mbit/s）等，上行引入了二层增强协议和增强的 Cell-FACH 功能。目前，R7 和 R8 的规范已完成定稿。

2009 年年初，3GPP 开始 R9 的制定，工作内容主要围绕多载频技术，包括不同频段的双载频技术、双载频+MIMO（84Mbit/s）、上行双载频技术以及多载频技术（168Mbit/s）。前 3 项技术的定制正在进行中，多载频技术也即将开始。

HSPA+技术是由若干关键特性组成。其中，大多数特性都可以根据运营商自身特点独立使用。3GPP 演进如图 2-2 所示，3GPP 中 R7、R8、R9 版本的 HSPA+的具体关键特性总结如下。

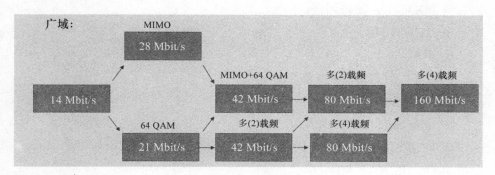

图 2-2 3GPP 标准演进

1. R7

2007 年 9 月冻结，关键特性如下：

- MIMO；

- HOM (DL 64QAM+UL 16QAM) ；
- CPC；
- FDD 模式下增强的 Cell_Fach；
- MBSFN；
- 层 2 增强；
- 扁平架构。

2．R8

2009 年 3 月冻结，关键特性如下：

- 高阶调制和 MIMO；
- 双扇区 HSDPA；
- 层 2 上行增强；
- Cs over HSPA；
- FDD 模式 CELL_FACH 增强的上行链路；
- 增强的 UE DRX；
- UMTS 和 LTE 之间移动性；
- HSPA VoIP 到 WCDMA/GSM CS 连续性；
- HS-DSCH 服务扇区改变增强；
- 增强的 SRNS 重分配；
- FDD HSPA 演进增强；
- UTRA HNB。

3．R9

2009 年 1 月启动，关键特性如下：

- MC-HSPA；
- Inter-band DC-HSDPA；
- DC-HSUPA；
- DC-HSDPA + MIMO；
- MC-HSDPA 可以到 3～4 个下行载波；
- UTRA HNB。

4．产品路标

HSPA+关键特性路标如图 2-3 所示。

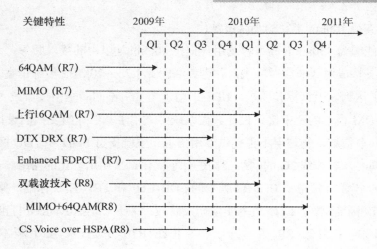

图 2-3 HSPA+关键特性路标

WCDMA/HSPA+主要厂家的产品路标关键时间点如下：

● 2009 年年底，实现双载波技术，最高速率可以达到 42Mbit/s；

● 2010 年年底，实现双载波及 MIMO 技术等的结合，最高峰值速率可以达到 84Mbit/s；

● 2011 年，进一步实现 4 载波等技术，峰值速率可达 168Mbit/s（20MHz 频宽）。

2.2 LTE/LTE-Advanced 技术

2.2.1 LTE/LTE-Advanced 概述

3GPP LTE 项目的主要性能目标包括如下内容：

●在 20MHz 频谱带宽能够提供下行 100Mbit/s、上行 50Mbit/s 的峰值速率；

● 改善小区边缘用户的性能；

● 提高小区容量；

● 降低系统延迟，用户平面内部单向传输时延低于 5ms，控制平面从睡眠状态到激活状态迁移时间低于 50ms，从驻留状态到激活状态的迁移时间小于 100ms；

- 支持 100km 半径的小区覆盖；
- 能够为 350km/h 高速移动用户提供 100kbit/s 以上的接入服务；
- 支持成对或非成对频谱，并可灵活配置 1.25～20MHz 多种带宽。

为了达到以上目标和要求，LTE 采用了与 3G 不同的空中接口技术，采用基于 OFDM 技术的空中接口设计。在系统中采用了基于分组交换的设计思想，即使用共享信道，物理层不再提供专用信道。系统支持 FDD 和 TDD 两种双工方式。同时，对传统 3G 的网络架构进行了优化，采用扁平化的网络结构。

2009 年 3 月发布了 LTE R8 版本的 FDD-LTE 和 TDD-LTE 标准，原则上完成了 LTE 标准草案，LTE 进入实质研发阶段。关于 LTE-Advanced 标准的制定在 2008 年 3 月的 R9 版本开始，并将在 R10 中完善，R10 版本将成为 LTE-Advanced 关键版本。

2.2.2 LTE/LTE-Advanced 技术需求

2.2.2.1 LTE 技术指标

1．峰值速率

HSDPA 在 5MHz 频谱条件下理论峰值速率为 14.4Mbit/s，HSUPA 的理论峰值速率为 5.76Mbit/s。在 R7 中引入了下行 64QAM 和 2×2MIMO 技术，上行 16QAM 技术；若采用 64QAM 技术，下行理论峰值速率可以达到 21Mbit/s；若采用 2×2MIMO 技术，下行理论峰值速率可以达到 28Mbit/s，上行采用 16QAM 后，上行理论峰值速率可以达到 11.4Mbit/s。在 R8 中下行引入了 64QAM+MIMO 和双波技术，下行理论峰值速率可以进一步提高到 42Mbit/s。

LTE 因为采用 OFDM、MIMO 等先进技术，可以提供远远高于 HSPA+的理论峰值速率，在 20MHz 的频谱上 LTE 下行理论峰值速率为 173Mbit/s，上行理论峰值速率为 58Mbit/s。

2．频谱效率

因为 OFDM、MIMO 等技术的引入，LTE 的频谱效率有较大提高，从厂家提供的仿真结果来看，在下行链路，LTE 的下行频谱效率是 HSPA R6 版本的 3 倍左右，比 HSPA R7 版本高 50%左右。

在上行链路，LTE 上行频谱效率是 HSPA R6 版本的 3 倍左右，是 HSPA R7 版本的 2 倍左右。

3．时延

LTE 不仅可以更好地提高频谱效率，而且可以提供更高的服务质量，特别是对实时业务的时延提出更高的要求。LTE 的无线接入网采用扁平化的架构，有利于简化网络和减少时延，实现低时延、低复杂度和低成本的要求。为使用户能够获得永远在线（always online）的体验，对 LTE 的时延要求如下。

在控制面，从驻留状态到激活状态，也就是类似于从 R6 的空闲模式到 CELL_DCH 状态，LTE 控制面的传输延迟时间小于 100ms，这个时间不包括寻呼延迟时间和 NAS 延迟时间；从睡眠状态到激活状态，也就是类似于从 R6 的 CELL_PCH 状态到 R6 的 CELL_DCH 状态，LTE 控制面传输延迟时间小于 50ms。

在用户面，LTE 系统要求对于小 IP 分组（仅包含 IP 帧头），在空载（单用户单数据流时）条件下用户面时延应小于 5ms。用户面时延包括网元节点处理时延、TTI 时长以及帧调整时长。

4．移动性

LTE 可以优化 15km/h 及以下的低移动速率时移动用户的系统特性。能为 15～120km/h 的移动用户提供高性能的服务。可以支持蜂窝网络之间以 120～350km/h（甚至在某些频带下，可以达到 500km/h）速率移动的用户服务。对高于 350km/h 的情况，系统要尽量实现保持用户不掉网。

5．多带宽的支持

LTE 支持灵活的频谱分配，上下行链路上，可以支持的带宽包括 1.25 MHz、1.6 MHz、2.5 MHz、5 MHz、10 MHz、15 MHz 以及 20 MHz。支持成对或非成对的频谱分配情况。LTE 支持从 450MHz～2.6GHz 的频段，方便运营商的部署。

2.2.2.2　LTE-Advanced 技术定位

IMT-Advanced 要求未来的 4G 通信在满足高的峰值速率和大带宽之外还要保证用户在各个区域的体验。而且有统计表明，未来 80%～90%的系统吞吐量将发生在室内和热点游牧场景，室内、低速、热点可能将成为移动互联网时代更重要的应用场景。因此，需要通过新技术增强传统蜂窝在未来热点场景的用户体验。

3GPP 认为，LTE 本身已经可以作为满足 IMT-Advanced 需求的技术基础和核心，只是纯粹从指标上来讲，LTE 较 IMT-Advanced 的要求还有一定差距。因此当将 LTE 升级到 4G 时，并不需要改变 LTE 标准的核心，而只需在 LTE 基础上进行扩充、增强、完善，就可以满足 IMT-Advanced 的要求。

出于这种考虑，LTE-Advanced 应该会作为在 LTE 基础上的平滑演进，并且后向兼容 LTE 标准。而且由于 LTE 的大规模技术革新已经大量使用了先进信号处理技术，如 OFDM、MIMO、自适应技术等，在继续完善技术应用的同时，LTE-Advanced 的技术发展将更多地集中在 RRM（无线资源管理）技术和网络层的优化方面。

2.2.3 LTE/LTE-Advanced 关键技术

2.2.3.1 OFDM 技术

OFDM 由多载波调制（MCM）发展而来，OFDM 技术是多载波传输方案的实现方式之一，它的调制和解调是分别基于快速傅立叶反变换（IFFT）和快速傅立叶变换（FFT）来实现的，是实现复杂度最低，应用最广的一种多载波传输方案。

在传统的频分复用系统中，各载波上的信号频谱是没有重叠的，以便接收端利用传统的滤波器分离和提取不同载波上的信号。OFDM 系统将数据符号调制在传输速率相对较低的、相互之间具有正交性的多个并行子载波上进行传输。它允许子载波频谱部分重叠，接收端利用各子载波间的正交性恢复出发送的数据。因此，OFDM 系统具有更高的频谱利用率。同时，在 OFDM 符号之间插入循环前缀，可以消除由于多径效应而引起的符号间干扰，而且能避免在多径信道环境下因保护间隔的插入而影响子载波之间的正交性，这使得 OFDM 系统非常适用于多径无线信道环境。

OFDM 的优点如下。

1）抗多径衰落的能力强。OFDM 把数据信息通过多个子载波并行传输，每个子载波上信号的时间比同速率的单载波系统的信号时间长很多倍，使 OFDM 对脉冲噪声干扰的抵抗能力更强。若通过子载波联合编码，可进一步获得频率分集的效果。

2）频谱效率高。OFDM 采用重叠的正交子载波作为子信道，而不是传统的利用保护频带分离子信道的方式，提高了频谱效率。

3）OFDM 将信道划分为若干子信道，而每个子信道内部可以认为是平坦衰落的。根据每个子信道信噪比的不同，采用不同的传输码率提高系统容量，为自适应调制编码提供了有效平台。

4）采用基于 IFFT/FFT 的 OFDM 快速实现方法。在频率选择性信道中，OFDM 接收机的复杂度比带均衡器的单载波系统简单。与其他宽带接入技术不同，OFDM 可运行在不连续的频带上。这将有利于多用户的分配和分集效果的应用等。

OFDM 技术的不足之处包括以下几个方面。

1）对频偏和相位噪声比较敏感。OFDM 技术利用各子载波之间严格的正交性来区分子信道。频率偏移和相位噪声会使子载波之间的正交特性恶化，仅仅 1%的频率偏移就会使信噪比下降 30dB。

2）峰值平均功率比(PAPR)大。与单载波系统相比，由于 OFDM 信号是由多个独立调制的子载波信号相加而成，这样合成信号就可能形成比较大的峰值功率，从而引起较大的峰值与均值功率比，简称峰均比。大的峰均比需要功率放大器具有较大的动态范围，从而造成射频功率放大器效率的降低。

2.2.3.2　MIMO 技术

要达到 LTE-Advanced 提出的目标数据传输速率，需要通过增加天线数量以提高峰值频谱效率，即多天线技术，包括波束成形和空间复用。多天线技术是一种有效的提高系统容量的方法。当前 LTE 应用基于码本预编码技术的下行 4 天线技术。峰值速率达到 300Mbit/s。由于 LTE-Advanced 的带宽高达 100Mbit/s，当前峰值速率可以达到下行 1.5Gbit/s。

目前这方面最直接的方法是在基站站点上增加天线——即采用更高阶的 MIMO 技术，在 LTE 阶段可以做到在基站侧设置 4 个天线，终端侧设置 4 个接收天线和 1 个发射天线，这样只能做到下行 4 发 4 收、上行 1 发 4 收。为了进一步提高峰值频谱效率，基站侧将增加到 8 个天线、终端侧增加到 8 个接收天线和 4 个发射天线，这样就可以做到下行 8 发 8 收、上行 4 发 8 收。考虑到基站和终端的空间有限、施工难度和终端成本因素，再增加天线变得不太现实，因此下行 8×8、上行 4×8 的设计已经是一个极端配置。

2.2.3.3　载波聚合

当前 LTE 系统在频带利用率上已经接近香农极限。如果要提高系统吞吐量，就必须提高系统的带宽或者信噪比。

　　系统带宽的提高可以提高系统的极限吞吐量,而且 IMT-Advanced 峰值速率的指标要求支持最大 100MHz 的带宽。而 LTE 的最大带宽是 20MHz,还不足以达到 IMT-Advanced 的要求。

　　LTE-Advanced 通过"载波聚合"(spectrum aggregation)的方式进行带宽增强,即把几个基于 20MHz 的 LTE 设计捆绑在一起,通过提高可用带宽,LTE-Advanced 将带宽扩展到 100Mbit/s。但是实际上很可能没有一整块的空闲带宽,所以 LTE-Advanced 允许离散频带的聚合。

2.2.3.4　无线中继

　　LTE 系统容量要求很高,这样的容量需要较高的频段。但是较高的频段路损比较大,如果通过布置蜂窝网覆盖需要增加很大投资。为了满足下一代移动通信系统的高速率传输的要求,LTE-Advanced 技术引入了无线中继技术。

　　无线中继技术是指用户终端可以通过中间接入点中继接入网来获得带宽服务,这种技术可以减小无线链路的空间损耗,增大信噪比,进而提高边缘用户信道容量。无线中继技术包括 Repeaters 和 Relay 技术。

　　Repeaters 完全是在接到母基站的射频信号后,在射频上直接转发,在终端和基站都是不可见,而且并不关心目的终端是否在其覆盖范围,因此它的作用只是放大器,仅限于增加覆盖,并不能提高容量。

　　Relay 技术是在原有站点的基础上,通过增加一些新的 Relay 站(或称中继节点、中继站),加大站点和天线的分布密度。这些新增 Relay 节点和原有基站(母基站)都通过无线连接(和传输网络之间没有有线的连接),下行数据先到达母基站,然后再传给 Relay 节点,Relay 节点再传输至终端用户,上行则反之。这种方法拉近了天线和终端用户的距离,可以改善终端的链路质量,从而提高系统的频谱效率和用户数据率。

　　Relay 技术跟 Repeaters 技术不同,能利用其跟用户之间更近的距离,进一步优化信号的传输格式和资源分配,提高传输效率。比如母基站直接向终端传输时会选择一个调制编码阶数,而经过 Relay 节点转发时,由于链路条件的改善,有机会设置一个更高的调制编码阶数,获得更好的传输速率。而 Repeaters 技术只支持简单的转发功能,无法实现传输设置的优化。

　　在技术层面上,Relay 技术可以分为以下几种。

　　L1 层 Relay 就是 Relay 节点简单地把信号接收然后放大发送。网络侧可以控制中继的发射功率，比如通过物理层调节功率，在用户存在时候才进行发送。额外的终端测试报告可以作为调度中继的参考，但是 Relay 节点对于终端和基站是透明的。

Relay 节点也可以对传输数据进行解码调制与重编码调制，根据具体的信道情况合理安排编码调制方式。根据对数据进行调整的协议层不同，分为 L2 层 Relay 和 L3 层 Relay。L2 层 Relay 需要对接收信号的 MAC 层进行解码处理。L3 层 Relay 需要对接收信号的 MAC 层以上进行处理，相当于低成本分布基站。这种 Relay 节点的优点是功能完整，且可以基本保留现有 LTE 协议结构和网络接口定义。

不同的中继类型带来网络性能不同，具体的优缺点比较见表 2-1。

表 2-1　　　　　　　　　　不同中继类型的优缺点

中继类型	优点	缺点	部署场景
Repeaters	低成本	放大噪声，浪费能量，下行干扰	覆盖死角
L1 层 Relay	低成本，改善覆盖	放大噪声，需要功控	覆盖死角
L2 层 Relay	减小误码率，增加吞吐量	改变物理层和 MAC 层需要信令，增加时延	乡村、城区热点
L3 层 Relay	功能完整，等同微基站	成本高，设备复杂，需要切换，增加时延	城区热点、室内区域

2.2.3.5　多点协同

协同多点传输（CoMP，Coordinated Multi-Point Transmission）技术通过对空域的扩充提高系统容量减小用户间干扰，是 LTE-Advanced 对空域扩充的核心技术之一。

目前传统网络拓扑结构的主要问题是：基站的交界处存在干扰和覆盖质量下降的问题，导致终端在切换区的性能较差，但是 CoMP 技术可以提高小区边缘的通信质量。

CoMP 技术利用光纤连接的天线站点协同在一起为用户服务，相邻的几个天线站或节点同时为一个用户服务，从而提高用户的数据率。1 个基站通过射频光纤（RoF）连接多个天线站点，天线站点类似 1 个 RRU（无线远端单元），而所有的基带处理仍集中在基站，形成集中的 BBU（基带单元）。分布式天线系统中的天线站可以看作基站的多个扇区或 1 个扇区中的多个天线，因此可以很好地进行天线站之间的协同。CoMP 跟传统的分布式天线技术类似，但分布式天线的设计是基于具体实际工程形态而言，而不是技术层面的概念。

根据终端是否知道信号从多个天线站点发射，CoMP 可以分为 3 类。

1）终端不知道接受的信号来自多个分布的天线。终端按照单基站方式接收，效果相当于多径接收，但是基站侧可以根据路径损耗情况确定由哪个天线发射信号，这种方式不需要额外的上行反馈信令。

2）终端将接收的所有信道测量反馈，但接收方式按照单基站方式接收，效果相当于多径接收。基站侧可以根据各个路径损耗情况确定天线发射信号的方式。与 1）不同的是 2）可以提供空间分集而且可以减少用户间干扰。

3）终端将接收到的所有信号测量反馈，与 2）相同。但是基站侧发送时，同时发送各个天线的发射信息，包括发射点和权重等。这些信息在终端可以得到利用。

CoMP 技术与 Relay 技术的区别在于，分布式节点不是利用无线的方式，而是通过光纤与网络进行有线连接。

这两种技术尽管也是进一步利用空间的维度进行扩充，但是其设计思路更加开阔，不仅仅是在原有站点上加天线，而是增加一些新的站点。集中在单个站点增加天线可以看作一种集中式的多天线技术，而通过增加新站点增加天线的方法则是一种分布式多天线技术。

作为 LTE-Advanced 对空域扩充的两种核心技术，Relay 和 CoMP 技术对 LTE 标准做出了很大的创新。

2.2.3.6　自组织网络

自组织网络（SON，Self-Organized Networks）的原型是美国早在 1968 年建立的 ALOHA 网络和之后于 1973 年提出的 PR(Packet Radio)网络。ALOHA 网络需要固定的基站，网络中的每一个节点都必须和其他所有节点直接连接才能互相通信，是一种单跳网络。直到 PR 网络，才出现了真正意义上的多跳网络，网络中的各个节点不需要直接连接，而是能够通过中继的方式，在两个距离很远而无法直接通信的节点之间传送信息。PR 网络被广泛应用于军事领域。

IEEE 在开发 IEEE802.11 标准时，提出将 PR 网络改名为 ad hoc 网络，也即今天常说的自组织网络。

自组织网络开始时应用于 IP 网络，移动终端一般没有与拓扑相关的固定 IP 地址，所以通过传统的移动 IP 协议无法为其提供连接，需要采用移动多跳方式联网。由于采用的是平面拓扑，因而没有地址变更的问题，从而使得这些移动终端仍然像在标准的计算机环境中一样。自组织网络最广泛的应用是无线传感器网络，在家庭和企业的防火防盗方面应用很广。

LTE 以其高带宽为用户提供更丰富的多媒体业务，但 LTE 运营商最关心的还是想通过有效的运维成本（OPEX）来取得较高的利润。于是，面对 LTE 网络参数和结构复杂化的压力，3GPP 借用自组织网络的概念，在 R8 提出一种新运维策略。该策略将 eNode B 作为自组织网络节点，在其中添加自组织功能模块，完成蜂窝无线网络的自配置（Self-Configuration）、自优化（Self-Optimization）和自操作（Self-Operation）。作为 LTE 的特性， SON 已经在 R8 引入需求，R9 完成自愈性自优化能力的讨论。

LTE 自组织网络与传统 IP 互联网自组织不同在于，LTE 要求自组织节点可以互联之外，可以对网络进行自优化和自操作。并且 LTE 的 SON 需要 eNode B 和 UE 的信息传递沟通。自配置和自优化过程中，SON 节点 eNode B 都需要获得 UE 测量信息作为输入信息进行配置并完成功能。

通过 SON 机制，eNode B 可以自动地完成网络配置、容量和覆盖的优化、节能控制和移动负荷分担优化。LTE 运营商可以明显降低 OPEX，从而进一步提升 LTE 的竞争优势。

2.3 Wi-Fi/WiMAX 技术

2.3.1 Wi-Fi 技术

20 世纪末期，计算机网络与无线通信技术的快速发展，特别是个人数据通信的发展，功能强大的便携式数据终端以及多媒体终端的广泛应用，人们对网络通信的需求不断提高，希望不论在何时、何地，与何人均能够进行包括数据、话音、图像等任何内容的通信，并希望能实现主机在网络中自动漫游，这就要求传统的计算机网络由有线向无线，由固定向移动，由单一业务向多媒体发展，从而推动了无线局域网的发展。

从专业角度讲，无线局域网利用无线多址信道的一种有效方法来支持计算机之间的通信，并让通信的移动化、个性化和多媒体应用得以实现。通俗地说，无线局域网就是在不采用传统缆线的同时，提供以太网或者令牌网络的功能。它利用射频（RF）技术，取代旧式的双绞铜线构成局域网络，提供传统有线局域网的所有功能，网络所需的基础设施不需再埋在地下或隐藏在墙里，也能够随需移动或变化，使得无线局域网络能利用简单的存取构架让用户透过它，达到"信息随身化、便利走天下"的理想境界。

为了让 WLAN 技术能够被广为接受和使用，就必须要建立一个业界标准，以确保各厂商生产的设备都能具有兼容性，也确保产品的稳定性。1990 年 IEEE（电气电子工程师学会）802 标准化委员会成立 IEEE 802.11 无线局域网标准工作组，主要研究工作在 2.4GHz 开放频段的无线设备和网络发展的全球标准。1997 年 6 月，提出 IEEE 802.11（别名 Wi-Fi，无线保真）标准，这些标准主要是对网络的物理层（PHY）和媒质访问控制层（MAC）进行了规定，其中，对MAC 层的规定是重点。各厂商的产品在同一物理层上可以互操作，逻辑链路控制层（LLC）是一致的，即 MAC 层以下对网络应用是透明的，这使得无线网的两种主要用途"（同网段内）多点接入"和"多网段互联"易于质优价廉地实现。IEEE 802.11 标准制定了在 RF 射频在 ISM（Industrial，Scientific and Medical）频段上使用，这些频道包括 902～928MHz、2.4～2.4835GHz 以及 5.725～5.850GHz。

IEEE 802.11 标准的制定是无线局域网发展的里程碑，它是由大量的局域网以及计算机专家审定通过的标准。IEEE 802.11 标准定义了单一的 MAC 层和多样的物理层，其物理层标准主要有 IEEE 802.11b、a 和 g 以及下一代高速无线局域网通信标准 IEEE 802.11n。

1．IEEE 802.11b

1999 年 9 月正式通过的 IEEE 802.11b 标准是 IEEE 802.11 协议标准的扩展。它可以支持最高 11Mbit/s 的数据速率，运行在 2.4GHz 的 ISM 频段上，采用的调制技术是 CCK。但是随着用户不断增长的对数据速率的要求，CCK 调制方式就不再是一种合适的方法。因为对于直接序列扩频技术来说，为了取得较高的数据速率，并达到扩频的目的，选取的码片的速率就要更高，这对于现有的码片来说比较困难；对于接收端的 Rake 接收机来说，在高速数据速率的情况下，为了达到良好的时间分集效果，要求 Rake 接收机有更复杂的结构，在硬件上不易实现。

2．IEEE 802.11a

IEEE 802.11a 工作在 5GHz 频段上，使用 OFDM 调制技术可支持 54Mbit/s 的传输速率。IEEE 802.11a 与 IEEE 802.11b 两个标准都存在着各自的优缺点，IEEE 802.11b 的优势在于价格低廉，但速率较低（最高 11Mbit/s）；而 IEEE 802.11a 优势在于传输速率快（最高 54Mbit/s）且受干扰少，但价格相对较高。另外，IEEE 802.11a 与 IEEE 802.11b 工作在不同的频段上，不能工作在同一 AP 的网络，因此 IEEE 802.11a 与 IEEE 802.11b 互不兼容。

3．IEEE 802.11g

为解决上述问题并进一步推动无线局域网的发展，2003 年 7 月 IEEE 802.11 工作组批准了 IEEE 802.11g 标准，新的标准成为人们对无线局域网关注的焦点。IEEE 802.11g 与以前的 IEEE 802.11 协议标准相比有以下两个特点：在 2.4GHz 频段使用 OFDM 调制技术，使数据传输速率提高到 20Mbit/s 以上；能够与 IEEE 802.11b 的 Wi-Fi 系统互相连通，共存在同一 AP 的网络，保障了后向兼容性。这样原有的 WLAN 系统可以平滑地向高速无线局域网过渡，延长了 IEEE 802.11b 产品的使用寿命，降低用户的投资。

4．IEEE 802.11n

IEEE 802.11n 计划将 WLAN 的传输速率从 IEEE 802.11a 和 IEEE 802.11g 的 54Mbit/s 增加到 108Mbit/s 以上，最高速率可达 320Mbit/s，成为 IEEE 802.11b、IEEE 802.11a、IEEE 802.11g 之后的另一场重头戏。和以往的 IEEE 802.11 标准不同，IEEE 802.11n 协议为双频工作模式（包含 2.4GHz 和 5GHz 两个工作频段），就保障了与以往的 IEEE 802.11a，IEEEb，IEEEg 标准兼容。

IEEE 802.11n 计划采用 MIMO 与 OFDM 相结合，使传输速率成倍提高。另外，智能天线技术及高性能传输技术，使得无线局域网的传输距离大大增加，可以达到几公里（并且能够保障 100Mbit/s 的传输速率）。IEEE 802.11n 标准全面改进了 IEEE 802.11 标准，不仅涉及物理层标准，同时也采用新的高性能无线传输技术提升 MAC 层的性能，优化数据帧结构，提高网络的吞吐量性能。

5．其他相关标准

另外，其他主要的相关标准包括：

1）IEEE 802.11i：IEEE 802.11i 对 WLAN 的 MAC 层进行了修改与整合，定义了严格的加密格式和鉴权机制，以改善 WLAN 的安全性。主要包括两项内容：Wi-Fi 保护访问（WPA）和强健安全网络（RSN），并于 2004 年年初开始实行。

2）IEEE 802.11e、f、h：IEEE 802.11e 标准对 WLAN MAC 层协议提出改进，以支持多媒体传输以及所有 WLAN 无线广播接口的服务质量保证 QoS 机制。IEEE 802.11f 定义访问节点之间的通信，支持 IEEE 802.11 的接入点互操作协议（IAPP）。IEEE 802.11h 用于 IEEE 802.11a 的频谱管理技术。

IEEE 802.11a、b、g 标准特性比较如表 2-2 所示。

表 2-2   IEEE 802.11 标准特性比较

	IEEE 802.11a	IEEE 802.11b	IEEE 802.11g
频段	5 GHz	2.4GHz	2.4GHz
传输条件	NLOS	NLOS	NLOS
覆盖范围（标准规定）	18m	100m	100m
兼容性	IEEE 802.11a	IEEE 802.11b	IEEE 802.11b/g
传输速率（理论值）	54 Mbit/s	11 Mbit/s	54 Mbit/s
调制方式	OFDM	DSSS	OFDM
规范完成时间	2001 年	1999 年	2003 年

2.3.2 WiMAX 技术

IEEE 802.11 系列标准在无线 LAN 领域获得巨大成功之后，IEEE 进而希望将这种成功的应用模式推向更广阔无线城域网（WMAN）的领域。1999 年，IEEE 专门成立了 IEEE 802.16 工作组，为固定/移动模式下宽带无线接入定义 WMAN 的空中接口规范。

IEEE 802.16 标准于 2001 年 12 月发布时，因为仅支持 10～66 GHz 的工作频段，只能提供可视范围内的承载服务，市场应用受到很大限制。经过进一步完善，IEEE 在 2003 年 1 月又发布了新的扩展协议 IEEE 802.16a。IEEE 802.16a 引入了新的物理层技术，如利用 OFDM 来抵抗多径效应等，并对 MAC 层做了进一步的强化，工作频段也扩展到 2～11 GHz 的许可频段和非许可频段支持非视距（NLOS）的接入方式。IEEE 802.16a 具有很强的市场竞争力，真正成为可用于城域网的无线接入手段。IEEE 802.16a 是 2～66GHz 固定宽带无线接入系统的标准，是对 IEEE 802.16、IEEE 802.16a 和 IEEE 802.16c 的整合和修订。IEEE 802.16a 也是目前 IEEE 802.16 家族中最成熟的、商用化产品最多的标准。

IEEE 802.16 标准的下一步演进方向是 IEEE 802.16e。IEEE 802.16e 在继承 IEEE 802.16a 能力的基础上增加了对全移动性的支持，理论移动速度可以达到 120km/h。在原来 IEEE 802.16d 的基础上增加了移动性，保证 IEEE 802.16e 接入设备能够在基站之间切换，从而也成为新一代 WMAN 宽带无线接入标准。IEEE 802.16e 采用了多种先进技术来获得高数据速率，包括 OFDMA、先进的编码技术 CTC、自适应编码和调制、混合自动重传请求、智能天线技术自适应波束成形、空时码及多入多出 MIMO 技术。除此之外，IEEE 802.16e 的另一特点就是其 QoS 机制，IEEE 802.16e 定义了完备的 QoS 机制，MAC 层针对每个连接可以分别设置不同的 QoS 参数，包括速率、时延等指标，可以按照不同帧不同的流进行调度。

IEEE 802.16e 协议已于 2005 年 12 月份正式发布。为在全球范围内推广遵循 IEEE 802.16 标准和 ETSI HiperMAN 标准的宽带无线接入设备，并且对设备的兼容性和互操作性做统一的认证以保证系统互联，因此一个由运营商、设备制造商、周边部件供应商和研究机构组建了非营利组织 WiMAX 论坛。WiMAX 论坛专门成立了 WiMAX 产品认证的工作组和实验室，以保证不同厂商 WiMAX 设备间的互操作性和兼容性。此外，WiMAX 论坛组织还致力于帮助解决技术以外的问题，如各国的频率分配、市场应用案例分析等。目前 WiMAX 几乎成为了 IEEE 802.16 标准的别称，组织成员也发展到约 300 家。

WiMAX 是采用无线方式代替有线实现"最后一公里"接入的宽带接入技术。WiMAX 的优势主要体现在这一技术集成了 Wi-Fi 无线接入技术的移动性与灵活性以及 xDSL 等基于线缆的传统宽带接入技术的高带宽特性，其技术特性可以概括为如下内容。

1. 传输距离远、接入速度高

WiMAX 采用 OFDM 技术，能有效对抗多径干扰；同时采用自适应编码调制技术可以实现覆盖范围和传输速率的折衷；此外，还利用自适应功率控制，根据信道状况动态调整发射功率。从而使得 WiMAX 具有更大的覆盖范围以及更高的接入速率。例如，当信道条件较好时，可以将调制方式调整为 64QAM，同时采用编码效率更高的信道编码提高传输速率，WiMAX 最高传输数率可以达到 75Mbit/s；反之，当信道传输条件恶劣，基站无法基于 64QAM 建立连接时，可以切换为 16QAM 或 QPSK 调制，同时采用编码效率更低的信道编码，这样可以提高传输的可靠性、增大覆盖范围。

2．接入灵活、系统容量大

作为一种宽带无线接入技术，WiMAX 接入灵活、系统容量大。服务提供商无需考虑布线、传输等问题，只需要在相应的场所架设 WiMAX 基站。WiMAX 不仅支持固定无线终端也支持便携式和移动终端，能适应城区、郊区以及农村等各种地形环境。一个 WiMAX 基站可以同时为众多客户提供服务，为每个客户提供独立带宽请求支持。

3．提供广泛的多媒体通信服务

WiMAX 可以提供面向连接的、具有完善 QoS 保障的电信级服务，满足用户的各种应用需要。按照优先级由高到低依次提供服务。

1）主动授予服务（UGS）：提供固定带宽的实时服务，例如 E1、T1 以及 VoIP 等；

2）实时轮询服务（rtPS）：rtPS 为可变带宽的实时服务，例如 MPEG 视频流；

3）非实时轮询服务（nrtPS）：速率可变的非实时服务，例如大的文件传输；

4）尽力投递服务（BE）：根据网络状况提供最大可能的服务，例如 E-mail。

4．提供安全保证

WiMAX 系统安全性较好。WiMAX 空中接口专门在 MAC 层上增加了私密子层，不仅可以避免非法用户接入，保证合法用户顺利接入，而且提供加密功能，充分保护用户隐私，例如提供 EAP-SIM 认证。

5．对移动性具有良好的支持能力

IEEE 802.16d 具备对固定模式和游牧模式的支持，IEEE 802.16e 更增加了对移动模式的支持，车载速度 120km/h 的情况下仍能良好地进行通信。

6．应用范围广

WiMAX 可以应用于广域接入、企业宽带接入、家庭"最后一公里"接入、热点覆盖、移动宽带接入以及数据回程等所有宽带接入市场。值得提出的是，在有线基础设施薄弱的地区，尤其是广大农村和山区，WiMAX 更加灵活、成本低，是合适的宽带接入技术。

IEEE 802.16 系列标准中各标准特性的比较如表 2-3 所示。

表 2-3　　　　　　　　　　　　IEEE 802.16 标准特性比较

	IEEE 802.16 固定模式	IEEE 802.16a / IEEE 802.16d（IEEE 802.16-2004）固定模式/游牧模式	IEEE 802.16e 移动模式
规范完成时间	2001 年 12 月	2003 年 1 月 (IEEE 802.16a) 2004 年 10 月 (IEEE 802.16-2004)	2005 年 12 月
频段	10～66 GHz	2～11 GHz 或 10～66 GHz	< 6 GHz
传输条件	LOS	NLOS	NLOS
传输速率（理论值）	32～134 Mbit/s（28MHz 信道带宽）	可高达 75 Mbit/s（20MHz 信道带宽）	可高达 15 Mbit/s（5MHz 信道带宽）
调制方式	QPSK,16QAM, 64QAM	OFDM 256 sub-carriers OFDMA 2048 FFT QPSK, 16QAM, 64QAM	可扩展 OFDMA 可达 20 MHz 和 2048 FFT
移动性	支持固定模式	支持固定模式、游牧模式	支持固定模式、游牧模式、便携模式、移动模式（车载速度可达 120km/h）
信道带宽	20 MHz、25 MHz 和 28 MHz	可扩展 1.5～20 MHz	同 IEEE 802.16a
典型的小区半径	2～5 km	7～10 km Max 50 km	2～5 km
可选功能		智能天线技术，基于每连接的 ARQ，Mesh 组网支持，空时编码	同 IEEE 802.16-2004，并略有补充

2.3.3　Wi-Fi 与 WiMAX 技术比较

Wi-Fi 与 WiMAX 技术的不同主要表现在以下几个方面。

1．覆盖

Wi-Fi 与 WiMAX 在覆盖范围上有很大的差别，覆盖问题由多个因素决定。

就传输功率而言，对于 WiMAX，功率放大器最大输出功率 BS 是 43dBm，MS 是 23 dBm；对于 Wi-Fi，IEEE 802.11 标准，最大的传输功率只有 20 dBm。

IEEE 802.16 标准是为在各种传播环境（包括视距、近视距和非视距）中获得最优性能而设计的。即使在链路状况最差的情况下，也能提供可靠的性能。OFDM 波形在 2～40 km 的通信距离上支持高频谱效率，在一个射频内速率可高达 70Mbit/s。可以采用先进的网络拓扑（网状网）和天线技术（波束成形、STC、天线分集）来进一步改善覆盖。这些先进技术也可用来提高频谱效率、容量、复用以及每射频信道的平均与峰值吞吐量。此外，不是所有的 OFDM 都是相同的。为 BWA 设计的 OFDM 具有支持较长距离传输和处理多径或反射的能力。

相反，WLAN 和 IEEE 802.11 系统在它们的核心不是采用基本的 CDMA，就是使用设计大不相同的 OFDM。它们的设计要求是低功耗，因此必然限制了通信距离。WLAN 中的 OFDM 是按照系统覆盖数十米或几百米设计的，而802.16 被设计成高功率，OFDM 可覆盖数十公里。

2．可扩展性

在物理层，IEEE 802.16 支持灵活的射频信道带宽和信道复用（频率复用），当网络扩展时，可以作为增加小区容量的一种手段。此标准还支持自动发送功率控制和信道质量测试，可以作为物理层的附加工具来支持小区规划和部署以及频谱的有效使用。当用户数增加时，运营商可通过扇形化和小区分裂来重新分配频谱。还有，此标准对多信道带宽的支持使设备制造商能够提供一种手段，以适应各国政府对频谱使用和分配的独特管制办法，这是全世界运营商都面临的一个问题。IEEE 802.16 标准规定的信道宽度为 1.75～20 MHz，在这中间还可以有许多选择。

但是，基于 Wi-Fi 的产品要求每一信道至少为 20 MHz（IEEE 802.11b 中规定在 2.4GHz 频段为 22 MHz），并规定只能工作在无牌照的频段上，包括 2.4GHz ISM、5GHz ISM 和 5GHz UNII。

在 MAC 层，IEEE 802.11 的基础是 CSMA/CA，基本上是一个无线以太网协议，其扩展能力较差，类似于以太网。当用户增加时，吞吐量就明显减小。而 IEEE 802.16 标准中的 MAC 层却能在一个射频信道内从一个扩展到数百个用户，这是 IEEE 802.11 MAC 不可能做到的。

3．QoS

IEEE 802.16 的 MAC 层是靠同意/请求协议来接入媒体的，它支持不同的服务水平（如专用于企业的 T1/E1 和用于住宅的尽力而为服务）。此协议在下行链路采用 TDM 数据流，在上行链路采用 TDMA，通过集中调度来支持对时延敏感的业务。由于确保了无碰撞数据接入，IEEE 802.16 的 MAC 层改善了系统总吞吐量和带宽效率，并确保数据时延受到控制，不致太大（相反，CSMA/CA 没有这种保证）。TDM/TDMA 接入技术还使支持多播和广播业务变得更容易。

WLAN 由于在其核心采用 CSMA/CA，故其目前已实施的系统无法提供 IEEE 802.16 系统的 QoS。

由于接入方便、成本低廉且无需申请牌照，使 Wi-Fi 特别适用于普遍的公共接入服务。Wi-Fi 技术和产品均已成熟，并达到相当的应用、产业和市场规模。与 Wi-Fi 相比，WiMAX 在技术上有明显优势，但由于标准推出时间尚短，要达到产品成熟并形成相当应用、产业和市场规模尚需假以时日，而且目前成本远远高于 Wi-Fi。

2.4　IMS 技术

2.4.1　IMS 概述

IMS（IP 多媒体子系统）是由 3GPP 于 2000 年提出，它是一个支持 IP 多媒体业务的子系统，其核心特点是采用了会话初始协议（SIP）和实现了接入无关性。

IMS 是 3G 系统中核心网（CN）的一部分，它通过由 SIP 协议提供的会话发起能力，建立起端到端的会话，并获得所需要的服务质量。IMS 实现了控制和承载的分离，通过不同的接入方式，IMS 终端接入到分组域核心网 PS（WCDMA 网络、cdma2000 网络和固定网络等），由 PS 提供 SIP 信令和媒体数据的承载，而由 IMS 的核心部分提供会话和业务的控制。IMS 为未来的多媒体应用提供了一个通用平台，它是向 All IP 网络演进的重要一步。

IMS 的关键技术包括服务质量、多种接入方式支持、业务提供和控制、安全、计费、漫游支持，以及对用户数据的组织管理等。

IMS 是承载网络和业务网络之间的中间控制层，它屏蔽了下层的接入差异性，并为上层业务提供集中的会话管理、业务接入控制、呼叫路由、服务质量控制、鉴权计费和安全管理等基本功能。但是，对于 IMS 在整个运营网络中的定位，也即 IMS 对实际运营所起的作用，目前运营商的观点尚不统一，归纳起来主要有两种。

定位一：为移动运营商提供移动 IP 多媒体业务的支持平台，使运营商能够灵活定制多媒体业务并快速推向市场，同时保证对业务的有效管理和控制。

定位二：为移动和固定综合运营商提供整体的固定移动网络融合解决方案，为其用户提供独立于接入网络的融合业务，提高网络竞争力。

2.4.2 IMS 技术优势

未来的网络将是具有以 IP 技术为核心的网络，提供融合的可管理的 IP 平台，而 IMS 正是基于 IP 技术，同时具有一个集中、统一的控制平面，能够提供灵活多样的网络能力和业务使能，从而具备以下优势：

- 支持多种制式的接入网络，满足客户多样化的接入需求；
- 具有分布式、开放的增值业务平台，提供强大的业务逻辑分析能力和业务处理能力；
- 提供快速的业务开发和发放能力，为客户提供差异化和个性化的多媒体业务；
- 为第三方业务提供商开放接口，从而能够提供更丰富的内容服务和多媒体业务。

因而，IMS 是目前业界公认的可以实现网络融合和业务融合的统一平台，也是公认的下一代网络的核心网架构。

2.4.3 IMS 体系结构

2.4.3.1 分层设计

3GPP 使用分层的方法设计 IMS 体系结构。分层的方法是为了最小化各层之间的依赖性，以便于实现传输与控制相分离，避免由于其中一层的变化而影响其他层的稳定性，这就使得加入新接入网变得更加容易，从而可扩大 IMS 的接入范围，也就拓宽了业务的应用范围。

该体系结构共包括 3 层。其中，承载由底层的"接入层"提供，业务逻辑由上层的"应用层"实现，而 IMS 核心系统是中间的"控制层"，它为业务提供会话控制能力。

⊙ 应用层：通过 SIP、CAMEL 和 OSA/Parlay 提供多媒体业务的统一应用平台，基于该平台实现的业务其互通性不存在问题。

⊙ 控制层：完全基于 SIP 协议，为多媒体业务提供统一的会话控制环境，该层在功能上与电路域 CS 完全无关，但物理实体可能与 CS 共用。

⊙ 接入层：提供多种接入方式和移动性管理，包括 LAN、WLAN、CDMA/cdma2000/EV-DO、GSM/GPRS/WCDMA、xDSL 以及传统的 PSTN 等。

2.4.3.2 功能实体

1. 主要功能实体

主要功能实体如下。

⊙ 呼叫会话控制功能（CSCF）：整个网络的核心，支持 SIP 协议、处理 SIP 会话，包括 P-CSCF、I-CSCF、S-CSCF 等。

⊙ 归属用户服务器（HSS）：IMS 中所有与用户和服务相关的主要数据存储器。

⊙ 媒体网关控制功能（MGCF）：使 IMS 用户和 CS 用户之间可以进行通信的网关。

⊙ 媒体网关功能（MGW）：提供 IMS 与 CS 网络（如 PSTN、GSM）之间的用户平面链路。

⊙ 多媒体资源功能控制器（MRFC）：用于支持与承载相关的服务，例如会议、对用户公告，或者进行承载代码转换。

⊙ 多媒体资源功能处理器（MRFP）：提供被 MRFC 所请求和指示的用户平面资源。

⊙ 签约定位器功能（SLF）：作为一种地址解析机制，使 I-CSCF、S-CSCF 和 AS 能够找到拥有给定用户身份的签约关系数据的 HSS 地址。

⊙ 出口网关控制功能（BGCF）：负责选择到 CS 域出口的位置，并负责选择相应网络的 BGCF，如果出口位于相同网络，则负责选择 MGCF。

2. 互通辅助实体

信令网关（SGW）：用于不同信令网（如 SCTP/IP 和 SS7）的互联。

3．应用网络功能实体

应用服务器（AS）：在 IMS 中提供增值多媒体服务的实体。

2.5 SAE/EPC

2.5.1 SAE/EPC 概述

2004 年 12 月，3GPP 在希腊雅典会议启动了面向全 IP 的分组域核心网的演进项目（SAE，System Architecture Evolution），现在更名为 EPS（Evolved Packet System）。SAE 的目标是"制定一个具有高数据率、低延迟、数据分组化、支持多种无线接入技术为特征的具有可移植性的 3GPP 系统框架结构"。3GPP 的 SAE 项目是基于未来移动通信的全 IP 网络而发起的，即未来网络环境下，3GPP 网络的接入技术不仅有 UTRAN 或 GERAN，还有 Wi-Fi、WiMAX 等接入技术。

SAE 的产生不是偶然的，随着新技术的不断涌现，3GPP 发现有必要通过从无线接口到核心网络的持续演进和增强，以在未来 10 年内保持自己在移动通信领域的技术先发优势，为运营商和用户不断增长的需求提供满意的支持。

2.5.2 SAE/EPC 技术特点

SAE 网络的主要特征包括如下内容。

● 支持端到端的 QoS 保证。

● 全面分组化。提供真正意义上的纯分组接入，将不再提供电路域业务。

● 支持多接入技术。支持和现有 3GPP 系统的互通，同时支持非 3GPP 网络（如 WLAN、WiMAX）的接入，支持用户在 3GPP 网络和非 3GPP 网络之间的漫游和切换。

● 增加对实时业务的支持。简化网络架构，简化用户业务连接建立信令流程，降低业务连接的时延，连接建立的时间要求小于 200ms。

● 网络层次扁平化。用户面节点尽量压缩，接入网取消 RNC，核心网用户面节点在非漫游时合并为一个。

　　SAE 的工作目标与 LTE 一致：①性能提高，减少时延，提供更高的用户数据速率，提高系统容量和覆盖率，减少运营成本；②可以实现一个基于 IP 网络的现有或者新的接入技术移动性的灵活配置和实施；③优化 IP 传输网络。但是不同于 LTE，SAE 更多的是从系统整体角度考虑未来移动通信的发展趋势和特征，从网络架构方面确定将来移动通信的发展方向。在无线网络接口技术呈现出多样化、同质化特征的条件下，满足未来发展趋势的网络架构将使运营商在未来更有竞争力，用户不断变化的业务需求也将得到较好的满足。

　　SAE 的工作主要是在 3GPP SA WG2 开展，计划于 3GPP R8 内完成。3GPP 对 SAE 这一阶段的工作制定了详细的计划表，SAE 提出的需求包括兼容性、系统安全性、移动性管理和系统优化等方面。

2.5.3　SAE/EPC 架构

SAE 架构如图 2-4 所示。

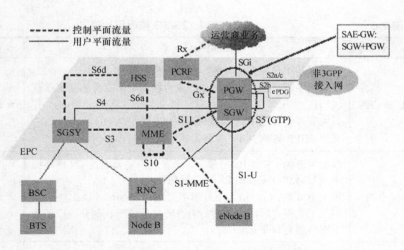

图 2-4　SAE 架构

支持 3GPP 接入,EPC 新增网元的主要功能点如表 2-4 所示。

表 2-4 新增网元的主要功能

MME	Serving GW	PDN GW
NAS 信令处理; NAS 信令的安全保护; 3GPP 内不同节点之间的移动性管理; TA List 管理; PDN GW 和 Serving GW 选择; MME 和 SGSN 的选择; 合法监听; 漫游控制; 安全认证; 承载管理	eNode B 之间切换的本地锚点; E-UTRAN 空闲模式下数据缓存以及触发网络侧 Service Request 流程; 合法监听; 数据分组路由和转发; 上下行传输层数据分组标记; 基于用户和 QCI 力度的统计(用于运营商间计费); 基于用户、PDN 和 QCI 力度的上行和下行的计费	合法监听; IP 地址分配; 路由选择和数据转发功能; PCRF 的选择; 对 EPS 承载的存储和管理,基于 PCC 进行 QoS 处理,作为 PCC 的策略执行点

2.5.4 EPC 与 2G/3G 核心网比较

EPC 与 2G/3G 核心网比较总结见表 2-5。

表 2-5 EPC 与 2G/3G 核心网比较

核心网类别	网络差异性	评价
EPC 核心网	控制面与用户面完全分离,网络趋向扁平化; 核心网中不再有 CS 域,EPC 成为移动电信业务的基本承载网络; 最大支持下行速率达到 100Mbit/s 以上; 支持 3GPP 与非 3GPP 多种方式的接入	★★★★
3G 核心网	核心网分为 CS 和 PS 两部分,话音业务主要通过 CS 网络提供,数据业务主要由 PS 网络提供; 采用 HSDPA 后,最大下行速率可达到 10Mbit/s 以上; 引入 DT 模式后,控制面与用户面部分分离,部分应用场景下网络趋向扁平化	★★★
2G 核心网	核心网分为 CS 和 PS 两部分,话音业务主要通过 CS 网络提供,数据业务主要由 PS 网络提供; 控制面与用户面合一; EDGE 最大速率为 460kbit/s	★★

本章小结

　　未来的融合网络是多种无线通信技术的有机融合。作为即将展开的移动融合网络和架构的知识基础，本章通过对无线网络技术的综合介绍和详尽比较，为读者提供一个清晰的网络技术知识环境，便于进一步更好的学习融合网络知识。

参考文献：

[1] 彭木根，王文博[M]. 无线通信导论. 北京：北京邮电大学出版社，2011.

[2] 斯托林斯（美）. 无线通信与网络 (第 2 版) [M]. 北京：清华大学出版社，2005.

[3] 拉帕波特（美）. 无线通信原理与应用 (第 2 版) [M]. 北京：电子工业出版社，2006.

[4] 宋俊德，战晓苏. 无线通信与网络[M]. 北京：国防工业出版社，2008.

[5] 张天魁. B3G/4G 移动通信系统中的无线资源管理[M]. 北京：电子工业出版社，2011.

第3章

现有移动融合网络架构

近年来，以 WLAN 为代表的宽带无线接入网络和以 3G 为代表的移动通信系统发展迅猛，在相互竞争独立发展的同时相互借鉴互补融合，以竞争的态势形成了相互促进、齐头并进的局面。3G&LTE 网络提供广域无线覆盖，支持高移动性，提供话音业务和中、低速数据业务；WLAN 提供热点区域覆盖，支持游牧移动性，提供高带宽流媒体数据服务。WLAN 与 3G&LTE 网络融合是巨大市场需求、深刻技术背景和企业发展的必然结果。融合网络可以同时向用户提供传统的电信业务，以及图像、视频等多媒体业务，用户可以通过集成终端使用任意一种系统提供的业务、感受到全 IP 解决方案的无限精彩，而且将给运营商的网络投资和运营带来巨大的收益，有着广阔的运营空间。

3.1 WLAN 与 3G 网络融合架构方案

3.1.1 基于 3GPP EPC 的融合网络目标架构

3GPP 的 WLAN 等非 3GPP 接入 EPC 的互通架构如图 3-1 和图 3-2 所示。未来一张分组核心网连接多种接入网络。用户终端（UE）可以通过 WLAN，以 S2a、S2b 或 S2c 等接口接入 3GPP EPC。

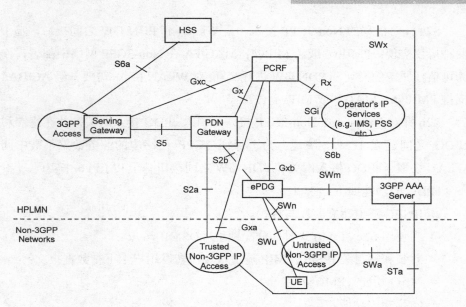

图 3-1　WLAN 接入（S2a/S2b 接口）

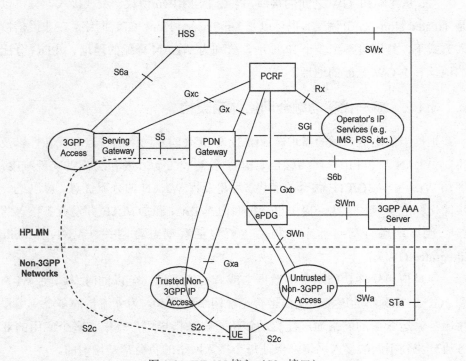

图 3-2　WLAN 接入（S2c 接口）

S2a 针对信任的 Non-3GPP 接入，是 WLAN 和 PDN-GW 之间接口，基于两种协议实现：PMIPv6 或者 MIPv4；MAG/FA 在 Non-3GPP 网络中部署，作为可信任域中的网元和 PDN GW 进行交互；对 WLAN 接入，需要升级 AC/BAS 支持 PMIPv6（MAG）或 MIPv4（FA）。

S2b 针对 Un-trusted Non-3GPP 接入，引入 ePDG 接入网关，并在终端和 ePDG 之间建立 IPSEC 隧道，为了保证 3GPP 网络中的业务数据不被中间 WLAN 窃取，ePDG 接入网关和 PDN GW 之间接口基于 PMIPv6 来实现。

ePDG 的功能如下：

- IPSEC 隧道建立鉴权与授权；
- 当使用 S2c 接入方式时，分配地址（DSMIPv6）；
- 封装和解封装 IPSEC/PMIP 隧道报文，转发用户上下行数据报文；
- MAG 功能（PMIPv6）；
- QoS 相关功能。

S2c 是终端和 GW 之间的接口，采用 DSMIPv6 协议，承载接入部分可以是 Trusted Non-3GPP 网络，也可以是 Un-Trusted Non-3GPP 网络。在非授信接入方式下，终端可得到 3 个 IP 地址，分别为 WLAN 分配的地址、ePDG 分配的地址和 P-GW 分配的地址。

3.1.2　新一代移动融合网络体系架构

根据当前电信市场的需求、WLAN 与 3G&LTE 网络的特点和互补性以及目前 WLAN 与 3G/LTE 网络融合架构的特点，为了减少标准方案的实现难度，增加 WLAN 与 3G/LTE 融合的优势，尽量发挥 WLAN 的分流优势，可以进一步简化标准实现。为此，提出了一种面向 WLAN 和 3G/LTE 并发业务接入的新一代移动融合网络体系架构，主要包括移动融合网关（MIG，Mobile Integrated GW）。

用户使用软件功能增强的数据卡或者智能手机，可以同时发起到 Wi-Fi 和 3G、LTE 网络的连接，从而聚合无线网络的带宽，为大流量的多个应用程序服务。运营商的网络通过配置的策略，自动指导用户终端将多个应用的业务流分流到不同的接入网络，保证每个接入网络的负荷都是均匀的。

图 3-3 显示了移动融合网络方案的系统架构。

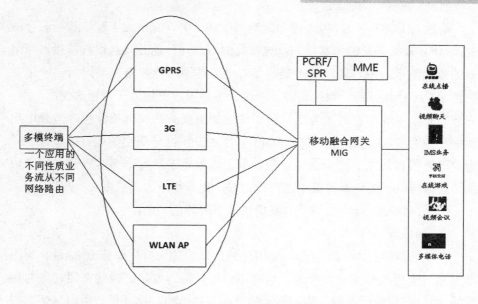

图 3-3　新一代移动融合网络系统方案的架构

　　多模终端通过软件增强，支持 Wi-Fi 和 3G 两个无线网络接入，或者 Wi-Fi 和 LTE 两个无线网络接入。终端形态可以是数据卡或智能手机。

　　通过位于多模终端侧的 MIG 的客户端软件，将终端设备的 Wi-Fi 无线链路与 3G 或 LTE 无线链路进行聚合，为用户维护一个 IP 地址。所有的业务流通过 IP 层之后，由 MIG 客户端软件分流 IP 数据流从 Wi-Fi 和 3G、LTE 两个无线通道进行发送。同时，网络侧下发的数据流也是通过两个无线通道进行接收，最终在 IP 层合成多个应用业务数据流。

　　移动融合网关可以根据运营商的策略，通过定制的用户面消息，下发业务流路由策略给终端。这样终端可以根据路由策略，决定上行带宽发送的业务流是从 Wi-Fi 网络发送还是从 3G、LTE 网络发送。例如，P2P 下载通过 Wi-Fi 进行转发，在线游戏通过 LTE 网络进行转发。特别是在业务繁忙的时间段，VT 可视电话可以将话音流通过 3G 网络转发，而视频流通过 Wi-Fi 网络转发。

　　对于上行数据流，终端根据网络下发的路由策略选择指定的接入网进行发送。对于下行数据流，由移动融合网关通过路由策略匹配，为匹配成功的用户业务流选择指定的接入网络进行转发。

通过与 PCRF 结合，带宽控制策略可以通过 PCRF 网元下发给移动融合网关，MIG 根据下发的带宽控制，对转发的用户具体业务流执行具体接入网络下的带宽流量限制。通过动态策略实时地调整用户业务流在不同网络中带宽的使用量，让运营商的网络资源可以得到多数用户更加公平合理的使用。

同时，移动融合网关为用户提供详细的数据流量和时长计费，区分用户数据业务的接入类型，甚至通过 DPI 可以进一步区分用户的业务类型。这样用户可以得到详细的数据业务计费话单，清楚地了解每一个接入网络下的数据消费情况以及资费套餐策略的执行情况，提升用户的满意度。

综上，移动融合网关解决方案提供如下的特色功能。

1. 超级管道

终端可以绑定 Wi-Fi 与 3G 或 LTE 的接入，使用一个业务 IP 地址，为用户提供一个更高带宽的大管道。这样用户可以同时发起流畅的在线视频与快速的 P2P 下载应用，进一步增强了用户的业务体验。这样用户可以尽情随时随地自由享受的无线宽带数据业务。

2. 基于业务流的负荷分配

多种数据应用都在 3G、LTE 网络中使用时，因为各种业务对带宽的消耗以及无线信令开销的频繁占用，用户的业务体验参差不齐。MIG 让分组核心网具备了深度 DPI 能力，检测各种应用业务，根据业务的使用情况评估数据热区的负荷，然后由分组核心网 GW 直接与终端交互，指导终端将不同业务流分流到不同的无线接入网络。

例如，如果移动融合网关检测到用户使用 P2P 下载，并且 P2P 业务流是从 3G 网络进行转发，移动融合网关给终端下发路由策略消息，指示终端相应的业务流通过 Wi-Fi 进行转发。收到路由策略消息后，终端将 P2P 的应用迁移到 Wi-Fi 网络进行收发。同时，移动融合网关也将下行发给终端的 P2P 业务流转发到 Wi-Fi 接入网络。当用户移出了 Wi-Fi 的覆盖区，终端进行及时的信号检测，直接将 Wi-Fi 通道上激活的业务流迁移到 3G 或 LTE 网络。这样终端主动发路由策略更新消息给移动融合网关，由移动融合网关重新路由下行业务流到 3G 或 LTE 网络。因此，即使用户发生跨 Wi-Fi 和 3G 或 LTE 网络移动时，用户的在线业务不受影响。

3. 无缝移动

无论用户移动到什么地方，终端总是可以找到 3G 网络或者 Wi-Fi 与 3G

共同覆盖的网络，此时终端自动为用户迁移跨网移动的数据业务，终端为用户维护一个 IP 会话，因此能够保持用户数据业务连续性。移动融合网关维护用户多个无线接入分配相同的 IP 地址，并根据终端的路由更新策略，转发下行业务流到指定的无线接入网络。这样，不论用户离开还是进入 Wi-Fi 与 3G 的覆盖网络，在线的数据业务都不会受影响。

4．接入网间的负荷均衡

MIG 提供用户接入信息的统计，包括了用户接入类型、数量和相应流量，这些信息都以事件形式报告给 PCC 系统，以便 PCRF 可以根据这些信息做出决策，来决定哪些业务流应该从 Wi-Fi 分流。PCRF 通过消息通知 MIG 相应的流量分流策略，MIG 发送路由策略消息给终端，控制终端将业务流在 Wi-Fi 和蜂窝接入网络分流。PCRF 可以得到全网的接入负荷信息，包括不同区域的 Wi-Fi、蜂窝小区下的用户接入数目和流量信息。此时 PCRF 可以做出综合决策来平衡每个接入网的负荷，使所有在线用户都得到最好的业务体验。这样，每个区域下的接入网负荷都比较均匀，不会产生拥塞。接入网之间的负荷比例正好说明了数据热区下用户的忙闲程度，运营商可以据此来调整该数据热区下的无线资源部署。

移动融合网关解决方案为运营商带来了如下的利益。

1．更多的收益和更强竞争性

以上的 4 个特色功能允许并鼓励用户使用更多的高带宽、大流量的数据业务。这样用户的体验更加良好，将会吸引更多的用户进入网络，同时运营商也可以得到更多的数据收益。

2．更加灵活和弹性的资费套餐

MIG 使运营商能够提供更多灵活的资费套餐，来满足不同用户群对数据业务套餐的选择和消费需求。这样通过推出多种资费套餐进行差异化的无线数据服务，能够进一步发挥数据流量的每比特价值为用户带来最大实惠。

3．低成本的数据服务

通过 Wi-Fi 和 3G/LTE 的聚合，运营商可以更加有效地利用无线带宽。尤其是将低价值的大流量数据业务通过 Wi-Fi 进行分流，而将高价值的数据业务保留在 3G/LTE 网络，能够为用户提供最好的业务体验。

4．资源的优化

MIG 提供在线用户的数量和流量统计，通过这些统计信息，运营商可以更好地在数据热区开展无线资源的部署，合理搭配 3G/LTE 和 Wi-Fi 无线资源，做到更有针对性地提供无线资源部署。

5．零改变的演进

MIG 提供了 WLAN、3G 和 LTE 等多种无线资源的聚合，因此只需要软件升级，运营商即可部署具备同时接入 LTE、3G 网络的分组核心网。此时，分组核心网络已经具备多种接入制式的聚合能力。

移动融合网关解决方案仅仅通过增强终端和分组核心网网关，为运营商提供对终端接入行为更好的控制，同时也增加了多网叠加覆盖的利用率。

图 3-4 显示了移动融合网关整体技术原理，主要的技术功能涉及两个部分。

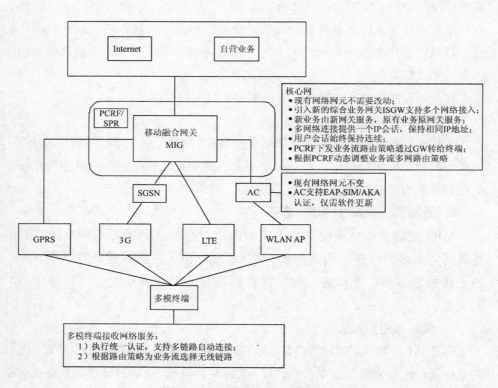

图 3-4　移动融合网关的技术原理

1. 终端

对于智能手机和数据卡，终端软件增强来支持并发接入多种无线技术，主要是 3G+Wi-Fi 和 3G+LTE 同时接入。

终端可以接收来自网络的多网路由策略，并可以根据自身获得的无线信号发送路由策略给网络。同时，根据网络下发的路由策略，决定具体业务流从哪个接入网络进行发送和接收。

终端自动检测 Wi-Fi 的无线信号，进行先连后断的数据流跨网络移动性处理。其实，智能手机需要重新加载操作系统才能支持移动融合网关客户端功能，主要是因为目前的智能操作系统不能提供底层动态库供移动融合网关客户端调用。

对于数据卡，则完全可以做到在笔记本上安装移动融合网关客户端软件的方式来使用移动融合网关功能。

2. 分组核心网

移动融合网关集成了下面的多个网关单元：

- PDG：用于将 WLAN 接入到 3GPP 网络；
- ePDG：用于将 WLAN 接入到 LTE 的 EPC 网络；
- GGSN/Serving GW/PDN GW：维护用户数据会话锚点，为用户多个连接维护一个 IP 地址。同时，将 3GPP AAA 进入到现网对用户的 WLAN 接入进行认证和授权。一旦用户接入网络，MIG 将下发默认路由策略给终端，并为多个接入分配一个唯一的 IP 地址。

路由策略主要由 IP 五元组和 RAT 接入技术类型构成。IP 五元组包括了 IP 报文头中的源和目的 IP 地址、源和目的 TCP/UDP 端口号以及协议类型。RAT 接入技术类型包括 WLAN、GPRS、3G 和 LET 等无线接入类型。

因此，终端通过查找上行报文的路由策略，为用户业务流找到匹配的路由策略，根据 RAT 类型决定从哪个无线链路发送业务流。

3.2 基于 3GPP EPC 网络融合方案协议转换与匹配

3.2.1 基于 S2a 的 WLAN 网络融合协议栈与匹配

3.2.1.1 网络与协议栈架构分析

基于 S2a 的 WLAN 网络融合对终端要求非常简单，终端只需要支持普通 IP 协议栈以及底层 WLAN 接入协议栈即可，WLAN 网络不给终端分配本地地址，而是直接由 LMA/PGW 分配一个业务地址，用户的业务报文直接承载在 WLAN 的链路层和物理层上。其协议栈结构如图 3-5 所示，其中，Tunneling layer 用于区分用户，可以使用 GRE 等基础隧道协议等。

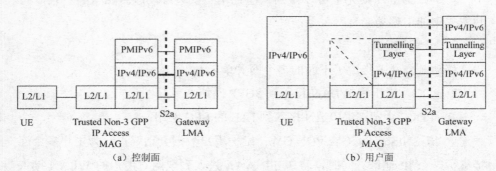

图 3-5 S2a 协议栈

3.2.1.2 网络间切换机制

当移动终端在异构网络之间移动时，或者在那些不提供完备的移动性管理的新型 IP 无线接入网络的不同子网间移动时，网络应该能够保证终端用户正在进行的业务的连续性，这就涉及 IP 层切换的问题。基于移动 IP 技术的异构网络之间的切换无法由网络侧决定和发起，只能由终端（操作系统或者上层应用）决定发起，在 R9 阶段引入 ANDSF 功能后，可以由 ADNSF 网元决策，基于 S2a 的网络融合由于引入了业务锚点 LMA/PGW，因此可以做到统一的 IP 分配和业务连续性，但是由于异构网络之间的差异以及切换流程等原因，导致切换时延和分组丢失不是很理想。基于 S2a 的切换场景流程如下。

1. 用户从 WLAN 切换到 LTE 的切换流程

如图 3-6 所示，具体流程如下。

- UE 以授信方式接入 WLAN 中；

- UE 检测到 LTE 网络，向 LTE 网络发起附着请求；

- MME 通知 P-GW 建立承载；

- MME 给 UE 空口分配相应承载资源；

- MME 通知 P-GW 承载更新；

- 由此，UE 与 P-GW 间建立了数据流通道；

- 网络侧发起承载释放。

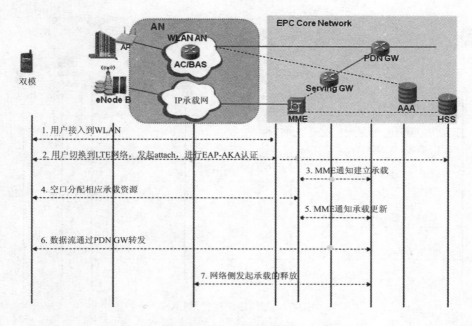

图 3-6 从 WLAN 切换到 LTE

2. 用户从 LTE 切换到 WLAN 的切换流程

如图 3-7 所示，具体流程如下。

- UE 接入到 LTE 中，并在 S5 接口上建立 PMIPv6 或 GTP 隧道；

- UE 发现了授信的 WLAN 接入网并决定将它当前的会话从当前的 3GPP
接入网传输到发现授信的 WLAN 接入网；

◎ UE 在 WLAN 网中进行接入认证和授权；

◎ AC/BAS 向 P-GW 发起 PMIP 信令；

◎ AAA 更新用户位置信息；

◎ AC/BAS 为 UE 分配 IP 地址；

◎用户数据流通过 AC/BAS 转发到 P-GW。

上述过程还需要增加 LTE 网络内部的资源释放步骤，当 PGW 给 Non 3GPP 接入创建会话分配资源后，在判断整个切换流程结束后，向 Serving GW 以及 MME 发起网络侧删除。

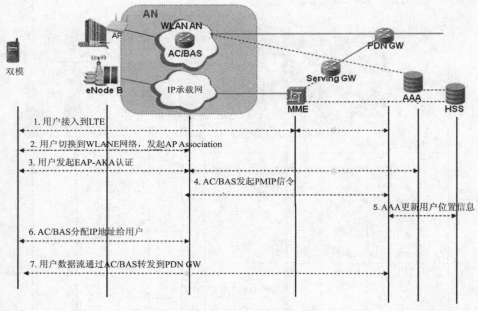

图 3-7   从 LTE 切换到 WLAN

3.2.2   基于 S2b 的 WLAN 网络融合协议栈与匹配

3.2.2.1   网络与协议栈架构分析

基于 S2b 的 WLAN 网络融合对终端要求相对较高，终端需要支持 IPsec/IKEv2 协议以及 PMIPv4 协议（如果使用 IPv4 的话），由于数据报文要穿越非信任网络，UE 与 ePDG 之间启用 IPsec 隧道，UE 获取两个地址，WLAN

分配的本地地址用于与 ePDG 通信，LMA 分配的远端地址用于业务数据报文的传输。S26 协议栈如图 3-8 所示，其中，IPsec 隧道可以采用 IPsec ESP 隧道模式，格式如图 3-9 所示。也可以采用 UDP ESP 隧道模式，格式如图 3-10 所示。

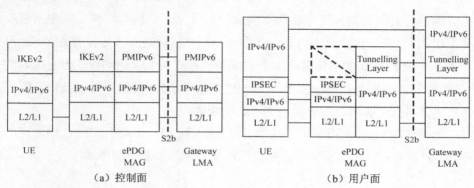

（a）控制面　　　　　　　　　　　（b）用户面

图 3-8　S2b 协议栈

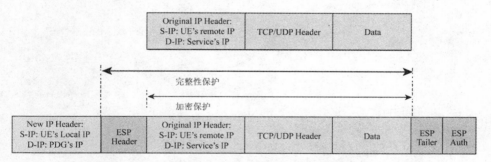

图 3-9　隧道模式 IPSec ESP 用户数据报文封装格式

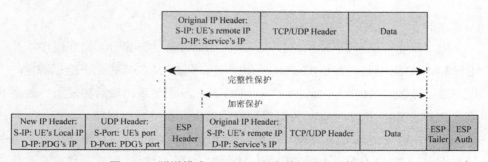

图 3-10　隧道模式 UDP ESP 用户数据报文封装格式

3.2.2.2　网络间切换机制

当移动终端在异构网络之间移动时，或者在那些不提供完备的移动性管理的新型 IP 无线接入网络的不同子网间移动过程时，网络应该能够保证终端用户正在进行的业务的连续性，这就涉及 IP 层切换的问题。基于移动 IP 技术的异构网络之间的切换无法由网络侧决定和发起，只能由终端（操作系统或者上层应用）决定发起，在 R9 阶段引入 ANDSF 功能后，可以由 ADNSF 网元决策，基于 S2b 的网络融合由于引入了业务锚点 LMA/PGW，因此可以做到统一的 IP 分配和业务连续性，但是由于异构网络之间的差异以及切换流程等原因，导致切换时延和分组丢失不是很理想。

非授信 WLAN 网络的用户从 WLAN 接入到 LTE 网络后，EPC 核心网的 ePDG 和 PDNGW 将会更新用户的会话绑定信息，如图 3-11 所示。

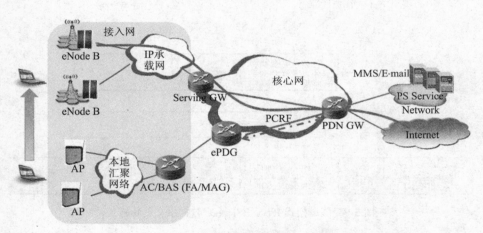

图 3-11　非授信 WLAN 网络的移动性管理

用户在非授信 WLAN 网络接入，通过 IPsce 隧道与 ePDG 建立连接，并进行 EAP-AKA 认证，然后由 ePDG 为用户建立到 PDN GW 的 MIP 会话绑定，用户数据流经过 AC/BAS 到 ePDG，ePDG 解除隧道封装，然后转发用户数据流到 PDN GW，由 PDN GW 为用户数据流提供到业务网络出口。

当用户移动进入 LTE 网络后，Serving GW 接入用户会话，根据授权信息找到指定的 PDN GW，为用户更新移动数据会话。此时，用户的数据流将从 LTE 网络经过 Serving GW，通过隧道转发给 PDN GW。用户数据流通道变更后，PDN GW 将会通知用户原先接入的 ePDG 删除相关的数据会话信息。

图 3-12 描述了移动性管理的研究和验证信令流程。

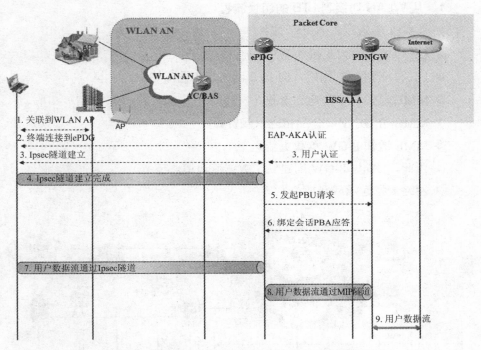

图 3-12　非授信 WLAN 网络移动性信令和数据流流程

用户的接入流程如下。

⬤ 用户接入到 WLAN 网络。用户发起到移动网络的数据业务。

⬤ 终端和 AC/BAS 进行 EAP-AKA 的认证。认证通过后，AAA 下发用户的授权信息给 AC/BAS。

⬤ 终端本身查询 ePDG 的网关，并和网关建立 IPsec 协商，通过 HSS/AAA进行用户身份认证。

⬤ 终端和 ePDG 完成 IPsec 协商，建立 IPsce 隧道。

⬤ ePDG 向 PDN GW 发起 PBU 连接建立请求。

⬤ PDN GW 向 ePDG 响应 PBA。

⬤ 此后，用户通过 IPsec 隧道发送数据流到 ePDG。

⬤ 用户数据流由 ePDG 解码后，通过 MIP 隧道发给 PDN GW。

◎ PDN GW 转发用户数据流到业务网络。

切换场景有以下几种。

1．从 WLAN 切换到 LTE 的切换流程

如图 3-13 所示，具体流程如下。

◎ UE 以非授信方式接入 WLAN 中。

◎ UE 检测到 LTE 网络，向 LTE 网络发起附着请求。

◎ MME 通知 P-GW 建立承载。

◎ MME 给 UE 空口分配相应承载资源。

◎ MME 通知 P-GW 承载更新。

◎ 由此，UE 与 P-GW 间建立了数据流通道。

◎ 网络侧发起承载释放。

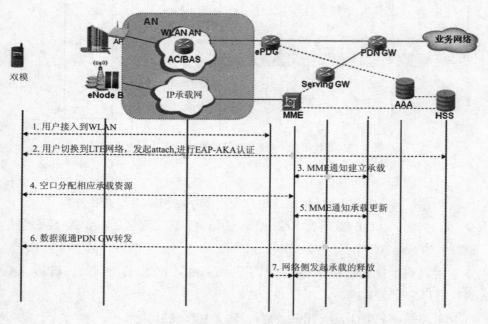

图 3-13　S2b 下，从 WLAN 切换到 LTE

2．从 LTE 切换到 WLAN 的切换流程

如图 3-14 所示，具体流程如下。

◎ UE 接入到 LTE 网络中。

- UE 检测到 WLAN 网络，向 AC/BAS 发起 AP 关联请求。
- AC/BAS 为用户进行 EAP-AKA 认证，并未 UE 分配本地 IP 地址。
- UE 查找 ePDG 并建立 IPSec 隧道。
- ePDG 向 P-GW 发起 PMIP 信令。
- HSS 更新用户位置信息。
- P-GW 为 UE 分配远程 IP 地址，并由 ePDG 转交给 UE。
- 建立 IPSec 隧道后，数据流经过隧道进行转发。
- 网络侧发起承载的释放。

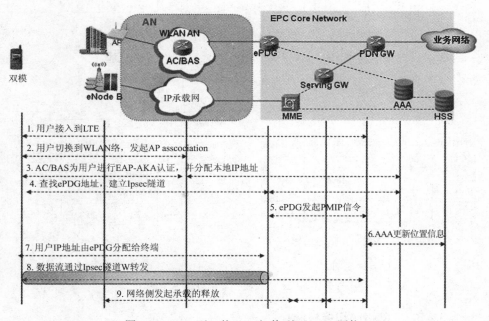

图 3-14　S2b 下，从 LTE 切换到 WLAN 网络

3.2.3　基于 S2c 的 WLAN 网络融合协议栈与匹配

3.2.3.1　网络与协议栈架构分析

基于 S2c 的 WLAN 网络融合对终端要求最高，终端需要支持双栈移动 IP 协议 DSMIPv6，普通 IP 协议栈以及底层 WLAN 接入协议栈即可，WLAN 网络不给终端分配本地地址，而是直接由 LMA/PGW 分配一个业务地址，用户

的业务报文直接承载在 WLAN 的链路层和物理层上。其协议栈结构如图 3-15和图 3-16 所示。其中，对于信任网络，不需要启用 Ipsec；对于非信任网络，需要启用 IPsec，可以基于 ESP 模式，也可以基于 UDP ESP 模式。

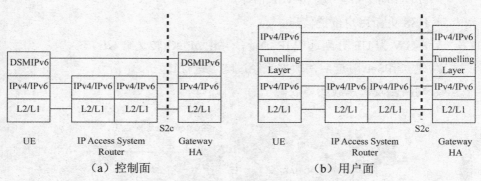

（a）控制面 　　　　　　　　　　　　（b）用户面

图 3-15　S2c 协议栈（信任接入方式）

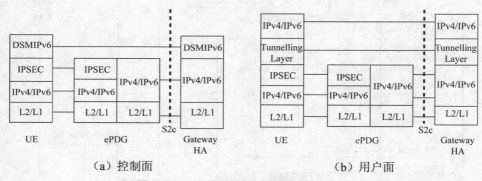

（a）控制面 　　　　　　　　　　　　（b）用户面

图 3-16　S2c 协议栈（非信任接入方式）

3.2.3.2　网络间切换机制

当移动终端在异构网络之间移动时，或者在那些不提供完备的移动性管理的新型 IP 无线接入网络不同子网间移动过程时，网络应该能够保证终端用户正在进行的业务的连续性，这就涉及到 IP 层切换的问题。基于移动 IP 技术的异构网络之间的切换无法由网络侧决定和发起，只能由终端（操作系统或者上层应用）决定发起，在 R9 阶段引入 ANDSF 功能后，可以由 ADNSF 网元决策，基于 S2c 的网络融合由于引入了业务锚点 LMA/PGW，因此可以做到统一的 IP 分配和业务连续性，但是由于异构网络之间的差异以及切换流程等原因，导致切换时延和分组丢失不是很理想。

信任网络的初始附着流程：授信 WLAN 网络的用户从 WLAN 接入到 LTE 后，EPC 核心网将会更新用户的会话绑定信息。

S2c 的初始附着由以下模块组成（如图 3-17 所示）。

A 模块：UE 在授信的 WLAN 接入中建立本地 IP 连接性。

B 模块：UE 发现 HA 并且与其建立安全的关联来保护 DSMIPv6 信令。

C 模块：UE 执行和 PDN GW 之间的绑定更新。

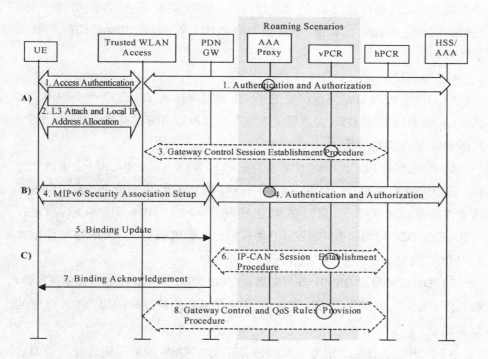

图 3-17　UE 初始附着到支持 DSMIPv6 的授信的 WLAN 接入网

初始附着过程如下：

A）本地 IP 连接的建立

1）执行初始接入特有的 L2 过程和认证过程，在这步中 HSS/AAA 给授信的 WLAN IP 接入提供签约数据。

2）成功认证之后，就会在 UE 和授信的接入系统之间建立 L3 连接，在这一过程之后，接入系统也会给 UE 分配 IPv4 地址或 IPv6 地址/前缀（例如本地 IP 地址，该地址将会作为采用 DSMIPv6 的 S2c 参考点的转交地址使用）。

3）如果接入系统支持基于 PCC 的策略控制，接入网关就会发起和 PCRF 之间的网关控制会话建立过程。

B）PDN GW/HA 的发现和 HoA 的配置

4）UE 发现 PDN GW（归属代理）。建立 UE 和 PDN GW 间的安全关联以保证 UE 和 PDN GW 之间的 DSMIPv6 消息安全。UE 使用 IKEv2 来发起安全关联的建立，通过使用 EAP 来进行认证。PDN GW 和 AAA 结构通过 S6b 进行通信来完成 EPA 的认证。在这步中给 PDN GW 提供 APN-AMBR 和默认承载 QoS。

C）绑定更新

5）UE 给 PDN GW 发送绑定更新（IP 地址（HoA, CoA），生命周期）消息。UE 会通知 PDN GW 必须继续为整个归属网络前缀维持 IP 地址的预留。PDN GW 处理绑定更新。

6）如果支持 PCC，PDN GW 会发起和 PCRF 之间的 IP-CAN 会话建立过程。消息包含永久的 UE ID 和 APN 字符串。PDN GW 也会给 PCRF 提供关于移动性协议隧道头信息，以及在 4）中获得的 APN-AMBR 和默认承载 QoS。PCRF 确定 PCC 规则和事件触发并且将它们提供给 PDN GW。PDN GW 使用收到的 PCC 规则。

7）PDN GW 发送 DSMIPv6 绑定确认（生命周期, IP Addresses（HoA, CoA））消息给 UE。在这步中，PDN GW 可能包含绑定的持续时间和为 UE 分配的归属地址。

8）PCRF 通过发送消息来发起网关控制和 QoS 规则提供过程，该消息中包含与授信的 non 3GPP 接入网关之间的移动性协议隧道的封装头的一些信息。在 QoS 规则已经改变的情况下，更新的 QoS 规则也应该包含在这个消息中。

从 WLAN 网络切入 3GPP 网络的场景中，会话开始于支持 DSMIPv6 的授信或非授信 WLAN 接入网，随后会话切换到 3GPP 接入网。图 3-18 描述了当 WLAN 中 S2c 支持 DSMIPv6 时，从授信/非授信的 WLAN 接入网切换到连接到 EPC 的 3GPP 接入网的过程。

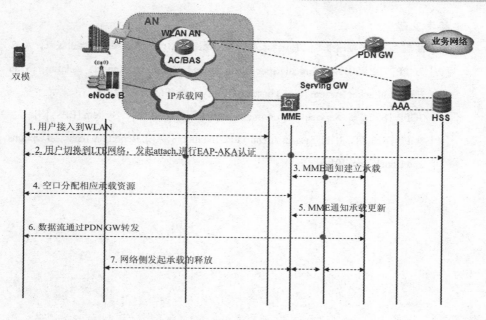

图 3-18　从授信 WLAN 切换到 LTE

切换过程如下：

- UE 接入到 WLAN 网中，并和 P-GW 建立 DSMIPv6 会话。
- UE 发现并附着到 3GPP 接入网。
- MME 通知 P-GW 建立承载。
- MME 为 UE 空口分配相应承载资源。
- MME 通知 P-GW 承载更新。
- 数据流通过 P-GW 进行转发。
- 网络侧发起承载的释放。

本章小结

　　本章分析了不同网络之间的适配和转换，包括在 WLAN 终端上实现认证、资源管理和分配、移动管理相关的 3G 协议。另一方面分析了网络间切换机制，在需要时从一个物理层切换到另外一个物理层，实现 3G 与 WLAN 之间的无缝切换，利用 3G 网络中现有的软切换机制和资源分配策略实现异构网络的协同和资源的合理利用。

参考文献：

［1］沈嘉.3GPP 长期演进（LTE）技术原理与系统设计[M]. 北京：人民邮电出版社，2008.

［2］3GPP TS21.201. Technical Specifications and Technical Reports Relating to an Evolved Packet System (SAE) based 3GPP system [S].

［3］3GPP TS22.278. Service Requirements for the Evolved Packet System (EPS) [S].

［4］3GPP TS23.883. 3GPP System Architecture Evolution(SAE), Report on Technical Options and Conclusions [S].

第4章

WLAN 与 3G&LTE 网络融合是巨大市场需求、深刻技术背景和企业发展的必然结果。利用异构网络之间的优势互补,共享核心网络和业务系统,实现两种接入网统一的无缝漫游切换、位置管理、无线资源管理以及统一的用户管理和计费,是 WLAN 与 3G&LTE 网络融合的系统目标。在多接入环境中通常会出现很多异构网络重叠覆盖的区域,在这样的区域内多接入终端通常会具备多个无线接入能力。协同使用终端的多接入能力,会给终端用户和整个系统带来很多方面的性能增益。本章着重对融合网络环境进行研究。

4.1 新一代移动融合网络协议栈结构

4.1.1 无线多接入环境下协议栈架构分析

传统的 TCP/IP 协议栈为固定网络环境设计,默认仅支持一个网络接入能力。而无线多接入环境具有两个突出的特征:异种接入间的移动性支持特征和终端具备多接入能力的特征。这两个特征对传统的 TCP/IP 协议栈提出了新的要求和挑战。

网络层面临着两方面的问题:多接口数据并发传输的问题和网络层移动性支持的问题。

首先,在终端侧多个接入模块同时可用时,现有的网络层机制通常只能通过默认的路由端口进行数据分组的发送。该问题存在的根源在于 IP 层"目的地寻址"的原则。目前终端和网络使用同样的目的地寻址机制,当多模移动终端发送某个 IP 层数据分组时，首先会根据该数据分组中的目的地址查询本地的路由表，在没有特意添加路由表项的前提下，查询的结果通常是终端配置的默认路由所对应的网络端口。在这种情况下，即使有多个同时可用的无线接入模块，每次查询路由表的结果仍然得到唯一的查询结果，即当前默认的路由对应的网络端口。此时即使有多个可用的网络接入能力，也仅有一个默认路由的端口被使用，上行链路的传输能力不能得到充分的利用。也就是说目前的终端路由机制不支持多接口并发的数据传输。

其次，网络层的移动性管理协议 Mobile IP 性能存在很大的问题，并需针对多接入切换场景的不同进行必要的扩展和修订。

传输层中的 TCP 是面向连接的、具备高层流控机制的传输层协议，因此在多接入系统中，动态变化的无线网络特征、多接入能力以及网络层移动性等新特征，使得传统的 TCP 层面临更多的新问题。

1. 无线传输环境对 TCP 产生的影响

由于 TCP 是专门为有线网络设计的面向连接的协议，其流量控制机制将无线链路上的分组丢失现象当做网络拥塞，从而削减 TCP 数据发送的流量，这种现象严重影响了 TCP 在无线网络应用时的性能。目前，对无线 TCP 性能的改进也是研究领域的热点问题，被普遍关注。

2. 网络层切换给 TCP 带来的问题

Mobile IP 机制虽然向高层协议屏蔽了网络层切换的动作，但是很难消除由于切换带来的影响。在网络层切换过程中数据分组丢失和失序现象，同样严重影响 TCP 层的工作效率。在网络层垂直切换中，由于新接入链路与老链路数据传输的性能不同，需要 TCP 根据快速探测新链路的带宽和时延，进行参数的重配置。但是，目前协议层划分遵循严格分层的原则，因此网络层切换的事件和底层接入链路的转化，对 TCP 层来说都是不可见的，因而，基于现有的协议模型很难解决这些问题。

3. 无线多接入能力给 TCP 带来的问题

更复杂的 TCP 性能问题由多接入协同传输机制引起。当利用多个无线链路进行数据优化传输时，例如利用多接入能力同时传输同一个 TCP 连接中的数据流时，TCP 层的数据流量不会出现增长，反而是介于多链路中最大传输速率和最小传输速率之间的一个值。

4. 上下层地址绑定管理的问题

由于引入多接入能力协同操作机制，TCP 层的连接可能会被动态地映射为不同的底层无线传输路径，进而对应不同的网络层地址，因此对 TCP 层的连接管理、传输层连接和网络层地址绑定等问题，同样需要关注并在相关模块中实现。

TCP 面临的这些问题很难依靠现有的协议机制实现。要想解决这些问题，TCP 层需要了解引起自身问题的原因，并区别加以处理，但是目前严格分层的协议模型很难提供这样的层间消息互通机制。

4.1.2　引入多接入协议适配层的协议栈结构

为了解决上述诸多问题，从协议栈整体考虑定义新的协议层功能"多接入协议适配（MAPA，Multi-Access Protocol Adaptive）层"。之所以提出这个功能层，主要原因来自于两方面。①需要添加多接口管理机制。该机制需要密切地检测底层多无线接入能力的性能和状态，并对底层接入模块进行必要的控制。这就需要定义一个统一的接口层，面向高层协议提供标准化的信息接口和控制接口，从而屏蔽底层接入的差异。②在利用多个无线接入能力进行并行传输时，需要一个统一的数据接口和调度模块，而这些功能在 IP 层和底层接口之间实现最为合理。其中，最重要是移动终端与移动融合网关之间的接口协议栈，引入多接入协议适配层后，当用户通过 WLAN 接入时，移动终端与移动融合网关之间的协议栈结构如图 4-1 所示。协议栈的中心是 IP 层和 MAPA 层。对于高层而言，IP 层屏蔽了支持移动性功能的操作细节，这样在移动条件下，上层仍然可以透明传输。MAPA 主要完成现有协议对多接入系统的适应性修正功能，协议适配的要求，可以减少底层接入能力变化对高层功能的影响，向 IP 层屏蔽了底层多接入技术的差异，为高层提供了底层数据传输和信息提供的统一接口。

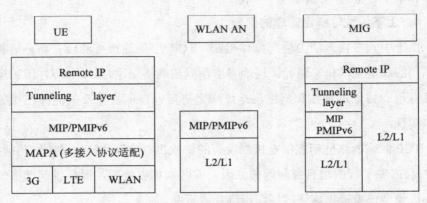

图 4-1　WLAN 接入时移动融合网关与移动终端协议栈结构

用户数据报文加密采用 ESP 隧道模式，格式如图 4-2 所示。

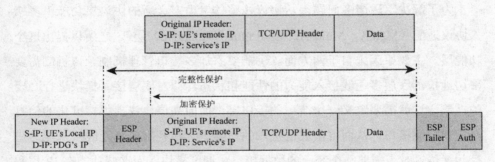

图 4-2　移动融合网关的安全隧道模式

　　MAPA 功能逻辑上位于网络层和底层接入之间，负责向高层协议屏蔽多种接入技术，提供统一的数据传输、底层信息获取和控制的接口。在多模终端实现的初期形态中，它可以作为系统额外添加的软件模块，独立于各个底层接口卡而存在；随着多模终端的发展，该模块也可以作为未来底层多无线接入集成（Multi-Radio Access Integration）的一种方式，此时多接入模块可以被集成在一块板卡上，MAPA 成为真正的设备驱动层向高层模块提供统一的数据、消息和控制服务，实现统一的底层环境感知、统一的接口管理和数据并行传输。相应地，MAPA 的功能包括数据调度服务、消息服务和接口控制三项功能实体。

MAPA 的功能和接口如图 4-3 所示。其中，接口控制和消息服务可能被多种高层协议模块调用，由于移动性和多接入能力的引入，高层模块迫切需要底层的信息感知和功能控制能力，以便进行相关的协议优化和调整，如网络层切换、TCP 层的流量控制和应用层的传输速率等，MAPA 的消息服务和接口控制功能正好满足高层模块这方面的需求。

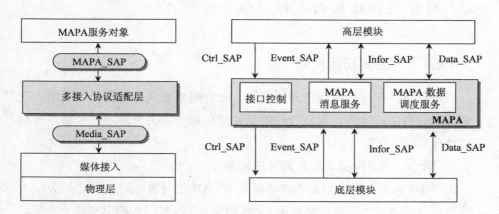

图 4-3　多接入协议适配层的功能和接口

消息服务模块提供两类服务。一类是底层状态和性能信息服务，该类服务通过向底层各个无线接入模块周期性地询问其性能和状态信息来获得，其参数采样的周期和种类与高层模块的需求密切相关；另一类服务是底层事件触发服务。该服务可以产生两类触发事件，一类是直接从底层上报的链路事件，如 Link_up，Link_down 等；另一类是根据底层采集的各种性能信息并根据一定的算法计算预测性和描述性事件。

接口控制模块可以控制底层链路的节能操作、执行切换过程中的资源协商、强制底层发起链路切换，接口控制模块与底层接入模块的控制平面存在接口。

MAPA 的数据调度服务面向网络层，提供网络层数据分组在底层多接入能力间的分配操作。MAPA 的数据服务功能可以解决多模终端上行数据并行传输的问题。

虚拟统一驱动层面向高层模块的接口称为"MAPA_SAP"，该接口具备底层接入无关的特性。其接口种类包括控制接口 MAPA_Ctrl_SAP、事件接口 MAPA_Event_SAP、信息接口 MAPA_Infor_SAP 和数据接口 MAPA_Data_SAP；MAPA 面向底层的接口称为"Media_SAP"接口，该接口和底层具体的接入技术打交道，因此是和接入媒体相关的接口，其接口种类与 MAPA_SAP 对应。

4.2 网络间切换机制及切换性能分析

4.2.1 网络间切换机制

当移动终端在异构网络之间移动时，融合网络应该能够保证终端用户正在进行的业务的连续性，保证较低的切换时延和分组丢失。用户设备在网络间切换分为以下两种情况。

1. UE 从 WLAN 到 3GPP 网络的切换

如图 4-4 所示，当用户发生移动离开 WLAN 的覆盖区后，用户在 WLAN 上的数据业务流可以直接迁移到 3G 分组网络，因为 3G 和 WLAN 两个通道都是同时连接到网络的。

1）用户同时从 3G 和 WLAN 连接上使用网络数据应用。

2）此时，用户发生移动，离开 WLAN 覆盖区，用户终端主动检测 WLAN 信号，一旦低于门限值，WLAN 主动发起业务流迁移。

3）终端主动发起业务流迁移，同时终端发出分流策略更新消息，通知 MIG 相应的分流策略需要调整，MIG 更新业务流的下行转发通道。此后，所有业务流都通过 3G 通道转发。

4）终端收到 MIG 的分流策略应答后，通过 3G 网络转发用户业务流。

5）如果 WLAN 信号不在有效，终端删除想用的承载资源。

此后，终端的 WLAN 处于休眠状态，一旦发现可用的 WLAN 网络，终端能够自动接入新的 WLAN 网络，接受 MIG 网关下发的新策略，重新分流数据业务到 3G 网络。

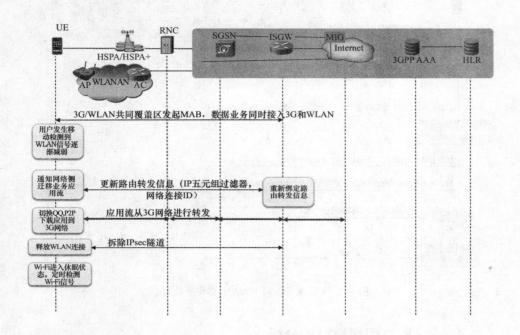

图 4-4　UE 从 WLAN 到 3G 的业务流迁移

2．UE 从 3GPP 网络到 WLAN 的切换

如图 4-5 所示，当用户发生移动进入 WLAN 的覆盖区后，用户在 3G 上的某些数据业务可以直接迁移到 WLAN 网络，因为 3G 和 WLAN 两个通道都是同时连接到网络的。

1）用户从 3G 连接上使用网络数据应用。

2）此时，用户发生移动，进入 WLAN 覆盖区，用户终端主动检测 WLAN 信号，一旦高于门限值，主动发起 WLAN 接入。

3）终端向 MIG 请求分流策略，MIG 向终端下发新的分流策略。

4）根据新的分流策略，终端将在线的 QQ 和 P2P 下载数据业务流都通过 WLAN 通道转发。

5）如果 3G 网络上没有应用数据发送，则 3G 网络转入休眠。

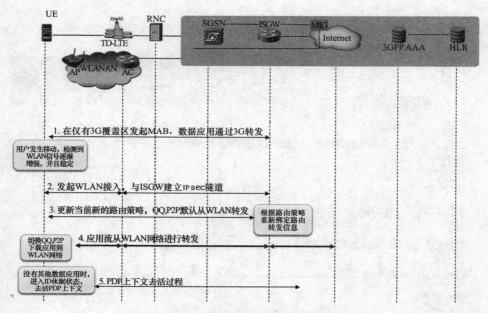

图 4-5　UE 从 3G 到 WLAN 的业务流迁移

4.2.2　网络间切换时延分析

移动 IP 和 GTP 是两种来自不同网络环境的数据传输和控制协议。GTP是目前 3G 核心网中负责 GSN（GPRS 支持节点）之间分组路由管理和传输的隧道协议，承载在 TCP/UDP 之上，在 3G 网络内部支持分组数据终端移动性的专用协议。移动 IP 是由 IETF 制定的网络层路由机制，主要目的是为Internet 提供移动计算的功能，解决异构融合网络间无缝移动性管理的通用技术方案。

在部署了移动 IP 的融合网络中，切换的时延主要由 3 部分组成：链路层建立时延、IP 地址获取时延和移动 IP 注册时延。下面从两个方面对部署了移动 IP 的 3G 和 WLAN 的融合网络中的终端切换时延进行分析。

1．UE 从 WLAN 到 3G 网络的切换时延

UE 从 WLAN 切换到 3G 网络时延(用 $T1$ 表示)：

$T1＝$GTP 隧道建立时延$(T10)＋$获取 IP 地址时延（$T11$）＋移动 IP 注册时延（$T12$）

其中，

$T10$＝PDP 附着时延（包括无线建立时延）＋PDP 激活时延；

$T11$＝0（在 GTP 隧道建立以后，移动终端就已经得到了 IP 地址，所以这一时延为 0）；

$T12$＝UE 向 CN 注册时延（T(UE→CN)）＋来自 CN 的绑定确认（T(CN→UE)）。

● GTP 隧道建立时延：$T10$ 即从 Detached 到 IP ready（获得到 IP 地址）的时间，包括了 PDP 附着时延和 PDP 激活时延。实际网络中 GTP 隧道建立时延比较大，从实际网络拨打测试的数据中可以看到，GTP 隧道建立的平均时延为：3 950ms，其中，PDP 附着的平均时延和 PDP 激活时延分别为 2 170ms 和 1 780ms。

● 获取 IP 地址时延 $T11$＝0，因为在 GTP 隧道建立之后，移动节点 UE 就获得了外地转交地址，进入 IP Ready 状态，也就是说，在 UE 从 WLAN 切换到 3G 网络域的过程中，转交地址配置时延包含在 GTP 隧道建立时延中，所以 IP 地址获取时延此处为 0。

● $T12$：当采用路由优化移动 IPv6 时候，MN 向 HA 和 CN 同时发出绑定更新的消息，其中，HA 绑定更新产生的传输时延和处理时延 T(UE→HA)＋T(HA→UE) 可以忽略。因此：$T12$＝T(UE→HA)＋T(HA→UE)＋T(UE→CN)＋T(CN→UE)＝T(UE→CN)＋T(CN→UE)。

所以，对于移动 IP 的注册时延，最重要的影响因素就是信令在链路上传送的时延，这部分时延值的大小将由信令传送经过的链路时延来决定。

2．UE 从 3G 网络到 WLAN 的切换时延

UE 从 3G 网络切换到 WLAN 时延（用 $T2$ 表示）：

$T2$＝链路层连接建立时延（$T20$）＋获取 IP 地址时延（$T21$）＋移动 IP 注册时延（$T22$）

其中，

$T21$＝移动检测时延＋转交地址配置时延

＝等待 RA 时延＋地址注册确认时延；

$T22$＝UE 向 CN 注册时延 T(UE→CN)＋来自 CN 的绑定确认 T(CN→UE)。

根据 RFC 中的规定，这一部分的时延主要包括以下几个部分。

1) 链接层连接建立时延 $T20$。

2) 链路层连接建立好后，首先 UE 需要检测是否收到 AR 发送的 RA，如果没有收到 RA，UE 将在一个随机时延后主动向 AR 发送 Sol 来请求 Lcoa 地址。

RFC 中规定 RA 的发送间隔是 0.03～0.07 的一个随机时延，此外，主机第一次发送 sol 前的随机时延是 0～1s，为的是避免多个移动终端同时发送 sol 请求，否则将导致网络阻塞。

3) UE 得到 Lcoa 地址，并发起重复地址检测过程（DAD）。

UE 向 AR 注册获得转交地址之后进行 DAD，RFC 中规定 DAD 的默认值是 1s，在我们考虑的场景中，WLAN 网络 Lcoa 地址的配置，是可以保证地址的唯一性，因此在时延分析中没有考虑 DAD 过程。

4) 移动 IP 的注册时延，与前面分析的 UE 从 WLAN 到 3G 网络的切换时延相同，$T22 = T(\text{UE} \rightarrow \text{CN}) + T(\text{CN} \rightarrow \text{UE})$。对于这部分时延，最重要的影响因素是信令在链路上的传送时延，时延值的大小将由信令传送经过的链路时延决定。

4.2.3　网络间切换性能优化措施

从以上的切换时延分析中可以看到，首先在 UE 从 WLAN 到 3G 网络的切换过程中，很大一部分时延是 GTP 隧道的建立时延，这部分时延实际上就是 UE 网络接口接入网络的过程，因此可以考虑对其接入过程进行优化，例如引入双模切换来提前进行 GTP 隧道的附着、激活等过程；其次由于移动 IP 的切换而产生了针对移动 IP 的注册时延，对于这一时延可以通过引入分层移动 IP 机制来改善切换性能，下面分别予以说明。

1. 接入优化

针对 GTP 隧道建立时延的分析，就接入角度优化措施可以考虑用双模切换来优化，并且采用双模机制可以提前进行 GTP 隧道的附着、激活过程，使切换时延更小。下面具体分析双模切换机制。

当 UE 处于重叠覆盖区域中时只有一个接口在工作，这就造成了 UE 在切换端口时必然会有很大的时延和分组丢失。因此可以考虑当 UE 在进行切换时让它的两个端口同时工作，即双模切换。应该说明的是：引入双模切换是通过增加系统的复杂度来换取切换性能的提高，随着通信技术不断进步，引入双模的代价将是可以承受的。

通过分析现网中的 3G 网络的性能参数，可知 3G 网络的注册过程分为两个阶段：第一阶段是从 Detach 到 Idle 状态；第二阶段是从 Idle 状态到 IP Ready 状态。因此可以有两种双模解决方案。

第一种是普通的双模方案，当移动终端的 3G 网络接口检测到有可用的 3G 网络网络时，就发起注册过程，进入 IP Ready 状态。这一方案在终端需要发起切换时可用立即切换到 3G 网络接口，基本没有时延，切换性能很好。但是由于 3G 网络接口在未发起切换时就进入了工作状态，对能量和网络资源来说都有一定程度的浪费。

另一种方案就是，当检测到有可用的 3G 网络网络时，3G 网络接口只将自己的状态切换成 Idle 状态，当系统真正需要发起切换时，再从 Idle 状态进入 IP Ready 状态，这一方案在切换时还是会有一定的时延，性能上会比第一种方案差一些。但是在能量和网络资源的占用上来说是远远优于第一种方案的。

另外，通过分析 3G 网络现网数据，可知绝大部分的时延是发生在空中接口这部分。而在 LTE 系统中，将采用 eNode B，简化了 RNC 与 Node B 间的信令流程，空中接口部分的时延将会有大幅度的降低。

2．注册优化

针对 3G 网络和 WLAN 的移动 IP 注册时延分析，可以考虑引入分层的移动 IP 微移动性管理协议，将注册信令局部化，降低整体切换时延。根据基本移动 IP 实现的切换框架，基本移动 IP 中的终端在外地网络漫游时，每移动一个新的位置就要发送一个绑定更新信息到家乡代理或对端通信节点，当移动节点和家乡代理间的距离较远时，就会造成较大的切换延时，从而引起严重的分组丢失以及较长的通信中断时间。

4.3 多接口业务分流及业务连续性

4.3.1 多接口同时传输与策略路由

对于终端用户来说，多接入能力提供了数据并行传输的基本条件。当移动终端处于多个无线网络嵌套式重叠覆盖的区域内，通常存在多个可用的稳定的无线网络连接。在这种网络场景中，可以为不同高层应用数据流选择不同的接入网络，并可根据网络和无线链路动态变化的情况，执行数据流重匹配的控制操作。

1. 多接口同时传输

图 4-6 显示了移动融合网关的多接口同时传输以及基于业务流的路由策略。终端发起并发的多个无线链路接入，多个数据应用如即时消息、网页浏览、在线游戏、视频流量都可以同时使用。

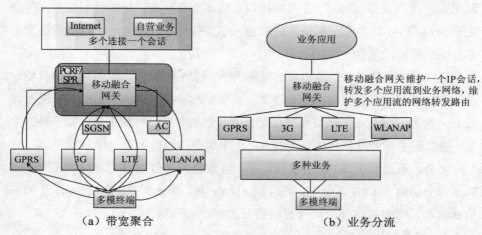

（a）带宽聚合　　　　　　　　　　　（b）业务分流

图 4-6　多接口同时传输以及基于业务流的路由策略

图 4-6（a）显示了带宽聚合。终端检测到多个无线信号，同时发起连接，使用获取一个相同的 IP 地址。核心网通过 MIG 为用户维护一个 IP 数据会话。主要流程如下。

- 终端发起 WLAN 接入，由 WLAN AP 为用户建立到 MIG 的连接。
- MIG 为用户数据会话分配一个 IP 地址,并提供用户数据会话的安全隧道。
- 同时，终端发起 3G 或者 LTE 接入。
- 对于 3G 接入，MIG 为用户的 PDP 上下文分配相同的 IP 地址。
- 对于 LTE 接入，MIG 为用户的承载上下文分配相同的 IP 地址。
- MIG 为用户的多个连接维护一个 IP 会话，这样用户可以同时发起多个数据业务，统一由 MIG 转发到业务网络。
- 现在终端可以将多个无线链路绑在一起成为一个大管道，为用户的 IP 数据会话服务，一旦用户接入到 MIG，MIG 就通过定制的消息发送路由策略给终端。

在图 4-6（b）中，终端通过接收的路由策略，将应用业务流分流到 WLAN 上。尤其是永久在线业务，MIG 可以指示终端将这部分业务分流到 WLAN 上。对于第三方的视频和下载类应用，也可以全部分流到 WLAN 上。对于 3G 或 LTE，则保留运营商自营的数据业务或者高实时的视频业务。

2．路由策略

基于策略的管理为运营商和网络供应商提供了灵活的方案将商业策略部署在网络中，使整体网络的运作与商业策略关联起来。策略可以定义为一种高层声明指示，其制定规则根据一些网络运营商偏好来引导网络行为。

策略通过使用一组策略规则来实施，其中，每个策略规则包括一组条件和一组行为。定义 R 为对应的无线接入技术（RAT）候选子集，可以是 {UMTS, LTE, WLAN}。定义 RAT 路由策略 P 可以用函数 f 来表达，它为用户终端的每个业务提供一个合适的 RAT。

3．基于业务分流实现负载均衡

图 4-7 显示了多个接入网络下基于业务分流实现负载均衡的过程。用户发起多个应用，而永久在线业务总是在休眠后，发出保护消息，从而过多地占用无线信令资源。此时，这类业务可以直接分流到 WLAN 中。

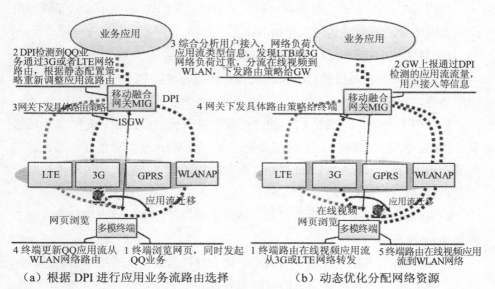

（a）根据 DPI 进行应用业务流路由选择　　　（b）动态优化分配网络资源

图 4-7　基于业务分流实现负载均衡

图 4-7 显示了用户的网页浏览应用和 MSN 在 LTE 或 3G 的应用。终端的业务分流过程如下。

用户发起 MSN 聊天，此时也发起网页浏览。

1）移动融合网关通过 DPI 方式检测到 MSN 业务流在 3G 网络上传输，通过查看路由策略，这个应用通过 WLAN 进行传输。

2）移动融合网关通过任何已经建立的连接发送定制的路由策略消息给终端。

3）终端接收策略后，重新路由 MSN 上行业务流到 WLAN 无线链路进行发送。

这样，永久在线的应用在用户无感知的情况下被分流到 WLAN 网络，用户的业务体验不受影响。在该方案中，终端的业务分流都是完全由核心网进行控制，因此 MIG 可以对每一个分流的业务在不同接入网中的流量和时长进行计费统计。因此，用户最终的话单上可以明确地显示出相应业务在不同接入网中的流量或时长使用情况。同时，运营商也可以制定更多的资费套餐来引导用户将大吞吐量的业务流都优先从 Wi-Fi 网络进行分流。

如图 4-7（b）所示，移动融合网关可以通过 PCRF 的指示，动态调整用户业务流的分流策略。具体流程如下。

1）终端从 3G 或者 LTE 发起视频应用。

2）移动融合网关通过 DPI 检测到视频应用，并向 PCRF 报告用户的业务应用事件。

3）PCRF 检测 3G 或者 LTE 的路由策略表以及当前的 3G 或者 LTE 网络负荷情况，发现 3G 或者 LTE 网络负荷过重，而 WLAN 负荷较轻。那么这些视频应用流可以分流到 WLAN 网络。PCRF 随即制定新的视频流路由策略，并发送给移动融合网关。

4）移动融合网关向终端发送新的路由策略指示终端将用户视频业务流分流到 WLAN。

5）终端按照网络下发的路由策略，将上行视频业务流通过 WLAN 发送。同时，终端从 WLAN 接收下行的视频业务流。

这样，运营商网络和用户的数据服务都从移动融合网关方案中获得益处。

4.3.2 业务连续性

1. 无缝移动方案

图 4-8 展示了用户在多个网络间移动时，在线的数据会话仍然保持连续。当用户正在 Wi-Fi 热区使用数据业务时，如果移出 Wi-Fi 的覆盖区域，用户仍然可以通过 3G 或 LTE 网络使用数据业务，在线的数据会话不会中断。同时，当用户再次进入 Wi-Fi 覆盖区域，相应的在线数据业务仍然可以自动分流到 Wi-Fi 网络。

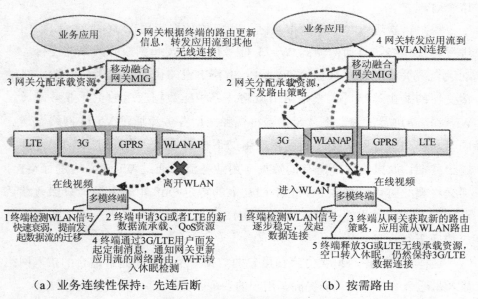

（a）业务连续性保持：先连后断　　　　　　（b）按需路由

图 4-8　数据会话的无缝移动

图 4-8（a）展示了动态的业务流迁移过程，该过程不需要用户的参与。用户打算离开 Wi-Fi 覆盖区域，终端检测到 Wi-Fi 信号降低到门限值，此时终端决定发起 Wi-Fi 网络上的在线业务流迁移。终端根据 Wi-Fi 业务流的特征，向 3G 或者 LTE 网络申请新的承载资源，然后将业务流通过 3G 或者 LTE 网络转发。

移动融合网关向终端分配 3G 或 LTE 接入网络下新的承载资源。一旦 3G 或者 LTE 的无线链路资源分配完成，终端将首先发送路由策略更新消息给移动融合网关，通知移动融合网关变更 Wi-Fi 连接上下行业务流的路由策略。移动融合网关修改相应的路由策略。当收到来自网络的下行业务流时，不再向 Wi-Fi 接入网络发送，而是转发到相应的 3G 或者 LTE 网络。即使用户离开了 Wi-Fi 热区，相应的在线数据会话仍然继续运行，保持连续，用户不会感知相应业务发生了中断。因此，用户只需要关注所使用的数据业务，而不需要了解当前具体接入的无线网络。同时，如果用户进入新的 Wi-Fi 覆盖区，数据应用仍然在运行，那么这些在线应用又可以根据网络的路由策略，重新分流到 Wi-Fi 网络。图 4-8（b）展示了这个过程。

用户再次进入 Wi-Fi 数据热区。相应的数据应用在 3G 或者 LTE 网络进行转发。终端自动检测到 Wi-Fi 信号可用，发起到核心网络的连接。移动融合网关检测用户数据会话状态，重新下发路由策略给用户终端。终端接受新的路由策略，并根据路由策略，将相应数据应用的上行业务流通过 Wi-Fi 链路进行发送。图 4-8 终端将视频应用业务流通过 Wi-Fi 网络发送。同时，移动融合网关接收到视频应用的下行业务流，也通过 Wi-Fi 连接发送给终端。如果终端上所有的数据应用业务流都通过 Wi-Fi 网络进行路由，那么终端此时可以释放 3G 或者 LTE 上的特定 QoS 承载资源，只保留默认承载资源。此时终端可以在 3G 或者 LTE 无线接入网络进入休眠状态，释放相应无线资源。

这样，移动融合网关方案使用户的数据应用总能得到最适合的接入网络以及最适合的带宽，从而提高了用户的业务感受。

2．多接口分集传输机制

当多模移动终端处于异构网络边缘重叠覆盖的场景时，多模移动终端可能具有多个同时可用的无线链路，受到 CDMA 系统软切换概念的启发，本课题提出了在异构网络边缘重叠覆盖的场景下引入分集传输的概念。但是，异构的无线接入技术工作在不同的频段上，在物理层和链路层上很难实现互操作，不可能采用物理层和链路层的分集传输方案，因此提出一种在网络层实现的异构网络分集传输方案。分集传输基本网络结构和切换场景如图 4-9 所示。

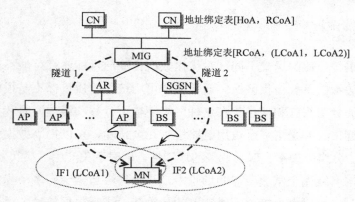

图 4-9　网络层分集传输机制的网络结构和切换场景

　　在分集传输网络架构中，移动融合网关是进行数据分组复制和多路径分发的节点，是网络层软切换的起点。移动节点（MN）是进行数据分组收集和合并的节点，是网络层软切换的终点。为了实现软切换，MIG 和 MN 需要新增 IP层软切换控制（ISHC，IP-layer Soft Handover Controll）功能。多模终端的软切换控制器用以登记、管理和选择可用的传输路径，并控制位于网络侧节点上的软切换算法模块，以便实现高效的数据分组复制和下发。网络节点的软切换控制器用以接收终端的控制指令，并依据这些指令执行软切换控制功能。

　　网络层软切换的原理如图 4-10 所示。包括 3 个彼此关联的处理模块：信令处理模块、软切换控制器和数据处理模块。

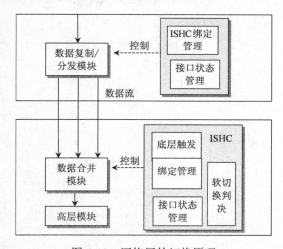

图 4-10　网络层软切换原理

本章小结

网络重叠覆盖的场景不同，对优化数据传输的目标就有可能不同。比如异构网络边缘的重叠覆盖区域，通常多个可用链路的质量都不是很好，容易引起频繁的分组丢失和切换。在这种网络环境下，移动终端同时和多个接入网络保持连接，并采用多个可用链路进行冗余传输，可以提高数据传输的可靠性、减少分组丢失率、保证业务的连续性，同时避免产生"乒乓效应"；另外，在异构网络完全重叠覆盖的场景中，移动终端通常会有多个稳定的无线连接，此时，可以聚合多个无线链路的传输能力进行数据传输，通过合理的路由策略，在提高资源利用率的同时保证负载均衡。

参考文献：

［1］许慕鸿. 移动网分组域的演进[J]. 电信网技术，2009（6）.

［2］China Mobile, Motorola, ZTE. S2-070782. Moving PDCP to eNB [S].

［3］3GPP TS36.300 Stage 2,v8.6.0.Evolved Universal Terrestrial Radio Access(E-UTBA)and Evolved Universal Terrestrial Radio Access Network (E-UTRAN) [S].

［4］3GPP TR36.913 v8.0.0.Requirements for Further Advancements for E-UTRA (LTE-Advanced) [S].

［5］3GPP TR25.814 v7.1.0.Physical Layer Aspects for Evolved Universal Terrestrial Radio Access (E-UTRA) [S].

［6］赵训威. 3GPP长期演进（LTE）系统架构与技术规范[M]. 北京：人民邮电出版社，2011.

第5章

　　固定网和移动网的有效融合发挥了固定宽带与移动宽带的互补优势，不断丰富宽带产品应用，保持宽带运营领域的领先优势，成为运营商宽带战略重要手段。然而，异构的融合网络分别定义了各不相同的通信方式，网络协议成为各网络之间进行数据交换的工具。为了使通信成功可靠，融合网络中的所有主机都必须使用固定的网络协议，不同的计算机之间必须使用相同的网络协议才能进行通信。因此在 WLAN 与 WCDMA 的融合网络中，急需开展基于 UMA、WIFI、WCDMA 的协议研究和现网相关设备的使用状况研究，规划基于现网改动较小且易于验证的 WLAN 与 3G 设备紧耦合的实现方案。

5.1　基于 PDG 的 WLAN 网络融合协议栈与匹配

5.1.1　网络与协议栈架构分析

　　基于 PDG 的 WLAN 与 2G/3G 网络融合协议栈结构如图 5-1 所示，WLAN 为 UE 分配一个本地传输 IP 地址，使用该地址，UE 的数据和信令报文可以到达 PDG，然后 PDG 给 UE 分配远端的业务 IP 地址，UE 使用该地址可以访问移动网络的业务。

　　其中，隧道层（Tunneling Layer）一般采用 IPsec 隧道，可以采用 IPsec ESP 隧道模式或 UDP ESP 隧道模式，格式如图 5-2 和图 5-3 所示。

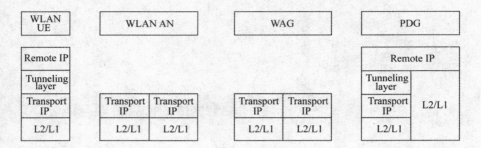

图 5-1　WLAN 架构下 UE 和 PDG 之间的协议栈

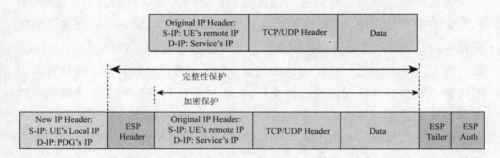

图 5-2　隧道模式 IPsec ESP 用户数据报文封装格式

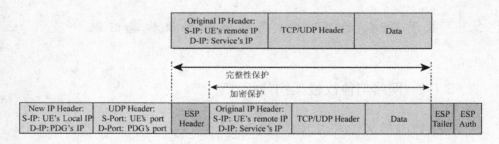

图 5-3　隧道模式 UDP ESP 用户数据报文封装格式

5.1.2　网络间切换机制

　　用户发生移动，从 WLAN 覆盖的热点地区离开，终端需要主动进行用户会话的切换。此时因为用户锚点发生变化，从 PDG 转换到 GGSN，用户的 IP 会话将会中断。同样，用户从 3G 网络进入 WLAN 的热点区域，终端需要主动发起用户会话切换。同样，因为会话锚点从 GGSN 转换到 PDG，用户会话发生中断。

因此，在这种架构下，网络间的切换完全是断链重建的硬切换机制，用户的数据会话不能保持连续。此场景在一般的终端中实现，WLAN 与移动网络两个模是相互独立的，通常通过手动方式开启 WLAN 接入，用户在 WLAN 与 3G 同时覆盖区域中，如果原先 3G 已经连接，则不会断开 3G 的连接只进行 WLAN 连接，而是同时接入，此时数据的收发由操作系统进行网络的选择。

对于 PDG 方式的网络融合，由于其仅仅做到了业务网络的部分融合，而没有 IP 地址的融合，因此无法做到业务在移动网络和 WLAN 网络之间分流。只能做到 Internet 业务和移动自营业务的分流，Internet 业务可以在 AC 通过路由策略进行本地分流。

5.2 基于 S2a 的 WLAN 网络融合协议栈与匹配

5.2.1 网络与协议栈架构分析

基于 S2a 的 WLAN 网络融合对终端要求非常简单，终端只需要支持普通 IP 协议栈以及底层 WLAN 接入协议栈即可，WLAN 网络不给终端分配本地地址，而是直接由 LMA/PGW 分配一个业务地址，用户的业务报文直接承载在 WLAN 的链路层和物理层上。其协议栈结构如图 5-4 所示。其中，Tunneling Layer 用于区分用户，可以使用 GRE 等基础隧道协议等。

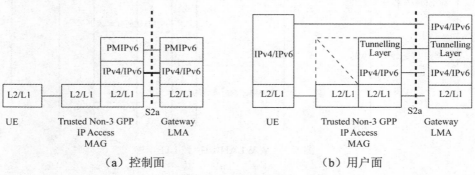

图 5-4 S2a 协议栈

5.2.2　网络间切换机制

基于移动 IP 技术的异构网络之间的切换无法由网络侧决定和发起，只能由终端（操作系统或者上层应用）决定发起，在 R9 阶段引入 ANDSF 功能后，可以由 ADNSF 网元决策，基于 S2a 的网络融合由于引入了业务锚点 LMA/PGW，因此可以做到统一的 IP 分配和业务连续性，但是由于异构网络之间的差异以及切换流程等原因，导致切换时延和分组丢失不是很理想。

基于 S2a 的切换场景流程如下。

1．用户从 WLAN 切换到 LTE

在 LTE 覆盖区域，WLAN 接入用户与 LTE 之间的切换，切换流程如图 5-5 所示。

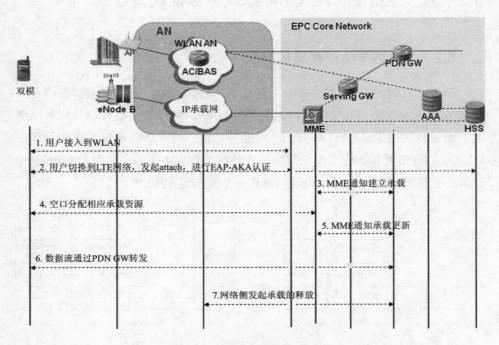

图 5-5　从 WLAN 切换到 LTE

具体流程如下：

1）UE 以授信方式接入 WLAN 中。

2）UE 检测到 LTE 网络，向 LTE 网络发起附着请求。

3）MME 通知 P-GW 建立承载。

4）MME 给 UE 空口分配相应承载资源。

5）MME 通知 P-GW 承载更新。

6）由此，UE 与 P-GW 间建立了数据流通道。

7）网络侧发起承载释放。

2．用户从 LTE 切换到 WLAN

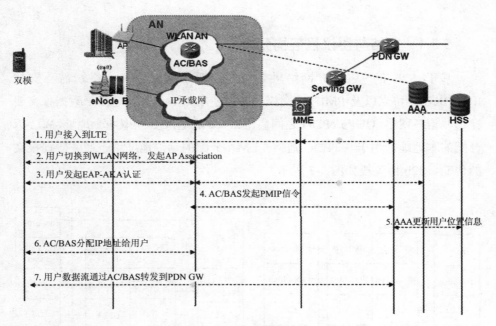

图 5-6　从 LTE 切换到 WLAN

如图 5-6 所示，具体流程如下。

1）UE 接入到 LTE 中，并在 S5 接口上建立 PMIPv6 或 GTP 隧道。

2）UE 发现了授信的 WLAN 接入网并决定将它当前的会话从当前的 3GPP 接入网传输到发现授信的 WLAN 接入网。

3）UE 在 WLAN 网中进行接入认证和授权。

4）AC/BAS 向 P-GW 发起 PMIP 信令。

5）AAA 更新用户位置信息。

6）AC/BAS 为 UE 分配 IP 地址。

7）用户数据流通过 AC/BAS 转发到 P-GW。

上述过程还需要增加 LTE 网络内部的资源释放步骤，当 PGW 给 Non 3GPP 接入创建会话分配资源后，在判断整个切换流程结束后，向 Serving GW 以及 MME 发起网络侧删除。

5.3 基于 S2b 的 WLAN 网络融合协议栈与匹配

5.3.1 网络与协议栈架构分析

基于 S2b 的 WLAN 网络融合对终端要求相对较高，终端需要支持 IPsec/IKEv2 协议以及 PMIPv4 协议（如果使用 IPv4 的话），由于数据报文要穿越非信任网络，UE 与 ePDG 之间启用 IPsec 隧道，UE 获取两个地址，WLAN 分配的本地地址用于与 ePDG 通信，LMA 分配的远端地址用于业务数据报文的传输。S2b 协议栈如图 5-7 所示。

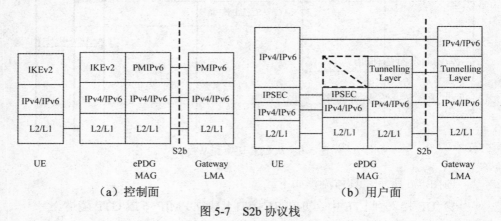

（a）控制面　　　　　　　　　　（b）用户面

图 5-7 S2b 协议栈

其中，隧道层可以采用 IPsec ESP 隧道模式和 UDP ESP 隧道模式，格式如图 5-8 和图 5-9 所示。

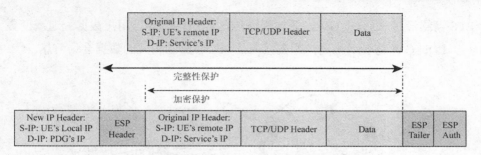

图 5-8   IPsec ESP 隧道模式用户数据报文封装格式

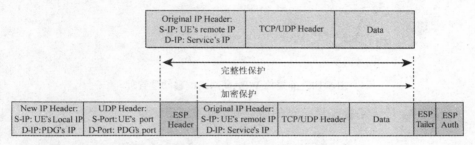

图 5-9   UDP ESP 隧道模式用户数据报文封装格式

5.3.2   网络间切换机制

基于移动 IP 技术的异构网络之间的切换无法由网络侧决定和发起，只能由终端（操作系统或者上层应用）决定发起，在 R9 阶段引入 ANDSF 功能后，可以由 ADNSF 网元决策，基于 S2b 的网络融合由于引入了业务锚点 LMA/PGW，因此可以做到统一的 IP 分配和业务连续性，但是由于异构网络之间的差异以及切换流程等原因，导致切换时延和分组丢失不是很理想。

非授信 WLAN 网络的用户从 WLAN 接入到 LTE 网络后，EPC 核心网的 ePDG 和 PDNGW 将会更新用户的会话绑定信息。

如图 5-10 所示。用户在非授信 WLAN 网络接入，通过 IPsce 隧道与 ePDG 建立连接，并进行 EAP-AKA 认证，然后由 ePDG 为用户建立到 PDN GW 的 MIP 会话绑定，用户数据流经过 AC/BAS 到 ePDG，ePDG 解除隧道封装，然后转发用户数据流到 PDN GW，由 PDN GW 为用户数据流提供到业务网络出口。

当用户移动进入 LTE 网络后，Serving GW 接入用户会话，根据授权信息找到指定的 PDN GW，为用户更新移动数据会话。此时，用户的数据流将从

LTE 网络经过 Serving GW，通过隧道转发给 PDN GW。用户数据流通道变更后，PDN GW 将会通知用户原先接入的 ePDG 删除相关的数据会话信息。

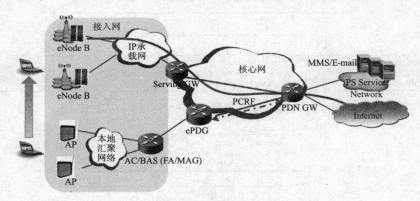

图 5-10　非授信 WLAN 网络的移动性管理

图 5-11 描述了移动性管理的研究和验证信令流程。

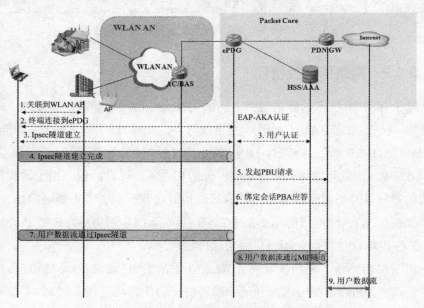

图 5-11　非授信 WLAN 网络移动性信令和数据流流程

用户的接入流程如下。

1）用户接入到 WLAN 网络。用户发起到移动网络的数据业务。

2）终端和 AC/BAS 进行 EAP-AKA 的认证。认证通过后，AAA 下发用户的授权信息给 AC/BAS。

3）终端本身查询 ePDG 的网关，并和网关建立 IPsec 协商，通过 HSS/AAA 进行用户身份认证。

4）终端和 ePDG 完成 IPsec 协商，建立 IPsce 隧道。

5）ePDG 向 PDN GW 发起 PBU 连接建立请求。

6）PDN GW 向 ePDG 响应 PBA。

7）此后，用户通过 IPsec 隧道发送数据流到 ePDG。

8）用户数据流由 ePDG 解码后，通过 MIP 隧道发给 PDN GW。

9）PDN GW 转发用户数据流到业务网络。

切换场景有以下两种。

1．从 WLAN 切换到 LTE 网络

在 LTE 覆盖区域，WLAN 接入用户与 LTE 之间的切换流程如图 5-12 所示。

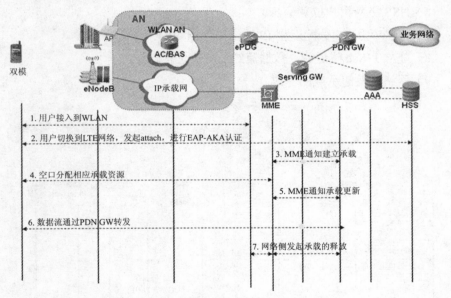

图 5-12　S2b 下，从 WLAN 切换到 LTE

具体流程如下：

1）UE 以非授信方式接入 WLAN 中。

2）UE 检测到 LTE 网络，向 LTE 网络发起附着请求。

3）MME 通知 P-GW 建立承载。

83

4）MME 给 UE 空口分配相应承载资源。

5）MME 通知 P-GW 承载更新。

6）由此，UE 与 P-GW 间建立了数据流通道。

7）网络侧发起承载释放。

2．从 LTE 切换到 WLAN 网络

在 LTE 覆盖区域，从 LTE 切换到 WLAN 网络的切换流程如图 5-13 所示。

具体流程如下：

1）UE 接入到 LTE 网络中。

2）UE 检测到 WLAN 网络，向 AC/BAS 发起 AP 关联请求。

3）AC/BAS 为用户进行 EAP-AKA 认证，并为 UE 分配本地 IP 地址。

4）UE 查找 ePDG 并建立 IPSec 隧道。

5）ePDG 向 P-GW 发起 PMIP 信令。

6）HSS 更新用户位置信息。

7）P-GW 为 UE 分配远程 IP 地址，并由 ePDG 转交给 UE。

8）建立 IPSec 隧道后，数据流经过隧道进行转发。

9）网络侧发起承载的释放。

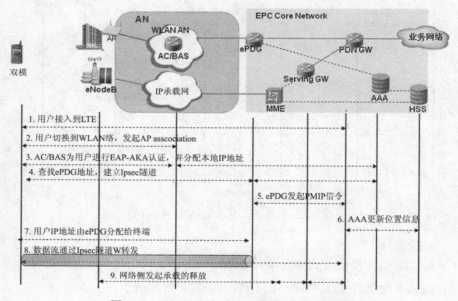

图 5-13　S2b 下，从 LTE 切换到 WLAN 网络

5.4　基于 S2c 的 WLAN 网络融合协议栈与匹配

5.4.1　网络与协议栈架构分析

基于 S2c 的 WLAN 网络融合对终端要求最高，终端需要支持双栈移动 IP 协议 DSMIPv6，普通 IP 协议栈以及底层 WLAN 接入协议栈即可，WLAN 网络不给终端分配本地地址，而是直接由 LMA/PGW 分配一个业务地址，用户的业务报文直接承载在 WLAN 的链路层和物理层上。其协议栈结构如图 5-14 和图 5-15 所示。

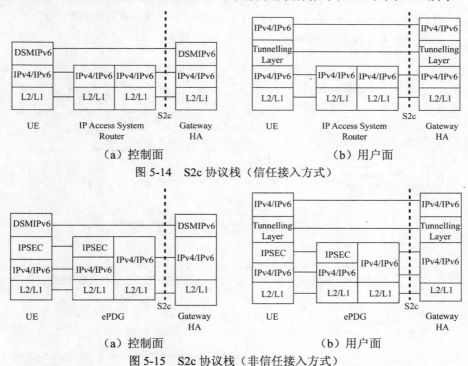

（a）控制面　　　　　　　　　　　　（b）用户面

图 5-14　S2c 协议栈（信任接入方式）

（a）控制面　　　　　　　　　　　　（b）用户面

图 5-15　S2c 协议栈（非信任接入方式）

其中，对于信任网络，不需要启用 Ipsec；对于非信任网络，需要启用 IPsec，可以基于 ESP 模式，也可以基于 UDP ESP 模式。

5.4.2　网络间切换机制

基于移动 IP 技术的异构网络之间的切换无法由网络侧决定和发起，只能由终端（操作系统或者上层应用）决定发起，在 R9 阶段引入 ANDSF 功能后，可以由 ADNSF 网元决策，基于 S2c 网络融合由于引入了业务锚点 LMA/PGW，因此可以做到统一的 IP 分配和业务连续性，但是由于异构网络之间的差异以及切换流程等原因，导致切换时延和分组丢失不是很理想。

信任网络的初始附着流程如图 5-16 所示。

授信 WLAN 网络的用户从 WLAN 接入到 LTE 网络后，EPC 核心网将会更新用户的会话绑定信息。

S2c 的初始附着由下面 3 个模块组成。

A 模块：UE 在授信的 WLAN 接入中建立本地 IP 连接性。

B 模块：UE 发现 HA 并且与其建立安全的关联来保护 DSMIPv6 信令。

C 模块：UE 执行和 PDN GW 之间的绑定更新。

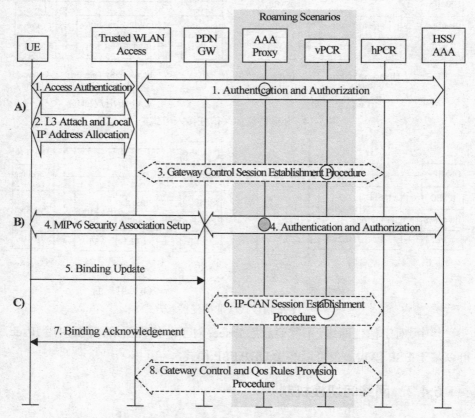

图 5-16 UE 初始附着到支持 DSMIPv6 的授信的 WLAN 接入网

初始附着过程如下。

（A）本地 IP 连接的建立

1）执行初始接入特有的 L2 过程和认证过程。在这步中 HSS/AAA 给授信的 WLAN IP 接入提供签约数据。

2）成功认证之后，就会在 UE 和授信的接入系统之间建立 L3 连接。这一过程之后，接入系统也会给 UE 分配 IPv4 地址或 IPv6 地址/前缀（例如本地 IP 地址，该地址将会作为采用 DSMIPv6 的 S2c 参考点的转交地址使用）。

3）如果接入系统支持基于 PCC 的策略控制，接入网关就会发起和 PCRF 之间的网关控制会话建立过程。

（B）PDN GW/HA 的发现和 HoA 的配置

4）UE 发现 PDN GW(归属代理)。建立 UE 和 PDN GW 间的安全关联以保证 UE 和 PDN GW 之间的 DSMIPv6 消息安全。UE 使用 IKEv2 来发起安全关联的建立，通过使用 EAP 来进行认证。PDN GW 和 AAA 结构通过 S6b 进行通信来完成 EPA 的认证。在这步中给 PDN GW 提供 APN-AMBR 和默认承载 QoS。

（C）绑定更新

5）UE 给 PDN GW 发送绑定更新（IP 地址（HoA, CoA）），生命周期）消息。UE 通知 PDN GW 必须继续为整个归属网络前缀维持 IP 地址的预留。PDN GW 处理绑定更新。

6）如果支持 PCC，PDN GW 会发起和 PCRF 之间的 IP-CAN 会话建立过程。消息也包含永久的 UE ID 和 APN 字符串。PDN GW 也会给 PCRF 提供关于移动性协议隧道头信息，以及在第 4 步中获得的 APN-AMBR 和默认承载 QoS。PCRF 确定 PCC 规则和事件触发并且将它们提供给 PDN GW。PDN GW 使用收到的 PCC 规则。

7）PDN GW 发送 DSMIPv6 绑定确认(生命周期, IP Addresses (HoA, CoA))消息给 UE。在这步中，PDN GW 可能包含绑定的持续时间和为 UE 分配的归属地址。

8）PCRF 通过发送消息来发起网关控制和 QoS 规则提供过程，该消息中包含与授信的 non 3GPP 接入网关之间的移动性协议隧道封装头的信息。在 QoS 规则已经改变的情况下，更新的 QoS 规则也应该包含在这个消息中。

本章小结

本章对移动融合网络架构中的网络协议及架构进行了详尽分析，提出了基于 3GPP EPC 的融合网络目标架构。给出未来一张分组核心网连接多种接入网络。用户终端（UE）可以通过 WLAN，以 S2a、S2 b 或 S2c 等接口接入 3GPP EPC 的不同形式，以及相应的网络间切换机制。

参考文献：

[1] 黄韬. LTE/SAE 移动通信网络技术[M]. 北京：人民邮电出版社，2009.

[2] 姜怡华. 3GPP 系统架构演进（SAE）原理与设计[M]. 北京：人民邮电出版社，2011.

[3] 沈庆国. 现代通信网络（第 2 版）[M]. 北京：人民邮电出版社，2011.

[4] 张志林. 3GPP LTE 物理层和空中接口技术[M]. 北京：电子工业出版社，2011.

[5] 3GPP TS 24.301. Technical Specification 3rd Generation Partnership Project;Technical Specification Group Core Network and Terminals; Non-Access-Stratum (NAS) Protocol for Evolved Packet System (EPS); Stage 3;(Release 8) [S].

第6章

移动融合网络的回传机制与负荷分担

随着无线数据业务的迅速发展，在移动回传业务中，数据业务所占比重越来越大。MSTP 网络在执行业务时，会造成带宽浪费，而且不进行业务类型或优先级的区分，无法及时满足用户需求，因此，需要采用更适合数据业务传送的分组化移动回传网络。基于分组的移动回传网络技术主要有两种：高速以太网和分组传送网，在 WLAN&3G/LTE 紧耦合架构下，需要同时兼顾对业务传送时延、抖动要求高的 3G/LTE 话音业务，以及对带宽要求高，流量突发性强的 WLAN 和 3G/LTE 数据业务，只有采用统一的分组传送网，结合分组传送网的 QoS 能力来进行业务部署，才能满足紧耦合架构下的业务传送要求。分组传送网采用了有连接的 MPLS 隧道技术，具有端到端的 QoS 管理能力，因此可以兼顾不同类型业务的时延和流量调节需求。本章着重介绍了移动回传网络的关键技术和负荷分担机制。

6.1 移动回传网络现状分析

由于 MSTP 网络建设较早，具有规模完善、可靠性高、传输时延和抖动指标性能优异等方面的优势，当前 2G/3G 移动回传业务主要采用 MSTP 网络承载，在以 TDM 话音业务为主的 2G 时期和 3G 初期，采用 MSTP 作为移动回传网络，具备较明显的优势。

由于 MSTP 是基于时隙交换的，其最小业务颗粒为 2Mbit/s 的 VC12，需要更大的带宽时，需要通过多个 2Mbit/s 捆绑的方式来提供，其业务带宽为独占使用，无法实现共享。

随着无线数据业务的迅速发展，在移动回传业务中，数据业务所占比重越来越大。由于数据业务具有较强的突发性，其带宽峰均值比达到 3：1 甚至更高，虽然 MSTP 网络也可实现以太网业务的传送，实现简单的二层交换功能，具备一定的数据业务传送能力，但并不能改变 MSTP 内核以时隙交换为基础的本质。

由于 MSTP 提供的刚性管道无法实现带宽共享，为保证峰值带宽下的服务质量，只能按峰值带宽来为移动回传业务分配带宽，造成很大的带宽浪费。

另外，MSTP 为所有业务均提供等同的 VC 颗粒的时隙，业务传送时不进行业务类型或优先级的区分，无论话音业务还是数据业务，均提供相同等级的服务，与实际的业务需求是不一致的。

因此，需要采用更适合数据业务传送的分组化移动回传网络。

6.2　基于分组的移动回传网络

基于分组的移动回传网络技术主要有两种：高速以太网和分组传送网，而分组传送网又包含 PTN 和 IP RAN 两种设备形态。下面对这几种回传技术进行分析。

6.2.1　高速以太网

高速以太网是由交换机构成的网络，其特点是网络运维管理简单，通过交换机的 MAC 地址学习功能，即可形成移动回传业务的交换路径。但由于交换网络是无连接的网络，无法保证业务的时延和抖动性能，并且缺乏有效的 OAM 检测和保护机制，通常用于家庭 Internet 上网业务，不适合于电信级要求的移动回传业务。

6.2.2　分组传送网

分组传送技术属于面向连接的网络技术，采用 MPLS/MPLS-TP 隧道，利用 MPLS 标签转发技术提供有连接的业务承载路径，通过 PWE3 仿真技术提供 E-Line/E-TREE/E-LAN 模型的以太网业务，可提供完善的 QoS 能力。分组传送网（如图 6-1 所示）有 PTN 和 IP RAN 两种形态，其中，PTN 采用静态的 MPLS-TP 隧道，提供完善的 OAM 功能和更可靠的保护机制，而 IP RAN 采用动态的 MPLS 隧道，能适应更复杂的网络拓扑，适应拓扑频繁变化的网络。

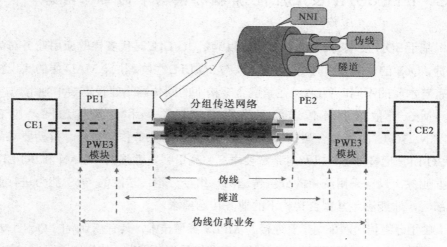

图 6-1   分组传送网技术

PTN 和 IP RAN 技术对比如表 6-1 所示。

表 6-1 技术对比

功能项	IP RAN	PTN
数据转发	MPLS 标签交换	
多业务承载	PWE3 封装	
QoS 能力	DiffServ	
L2/L3 业务承载	支持	
OAM 能力	BFD/Ping/TraceRT	CC/CV/RDI/AIS/LB/LT/LM/DM
保护功能	FRR	线性保护，环网保护
控制平面	采用 LDP/RSVP-TE 持协议	暂无，以静态为主
管理平面	简单，以监控为主	提供完善的运维管理界面

由于 PTN 和 IP RAN 在数据转发和业务处理层面是一致的，因此目前出现了两种网络和设备形态融合的趋势，具体表现为，某些提供 IP RAN 承载方案的路由器设备提供了 MPLS-TP 能力，增强了 OAM 和保护功能，而某些厂家的 PTN 设备增加的协议功能，提供了 IP/MPLS 业务承载方式。因此，后文将不细分 PTN 和 IP RAN 两种技术形式，统一称为分组传送技术。

6.3 IEEE 802.11&3G/LTE 紧耦合架构下的回传网络

基于 SDH 技术的 2G 回传机制难以满足 3G/LTE 时代多样的应用业务对高带宽、QoS 的需求。同时由于 WLAN 与 3G/LTE 在物理层、MAC 层的实现机制有着本质的不同，WLAN 在紧耦合架构下的回传网络建设需要单独考虑。

适合于数据业务传送的网络有高速以太网和分组传送网，但在 WLAN&3G/LTE 紧耦合架构下，需要同时兼顾对业务传送时延、抖动要求高的 3G/LTE 话音业务，以及对带宽要求高，流量突发性强的 WLAN 和 3G/LTE 数据业务，只有采用统一的分组传送网，结合分组传送网的 QoS 能力进行业务部署，才能满足紧耦合架构下的业务传送要求。

由于分组传送网采用了有连接的 MPLS 隧道技术，具有端到端的 QoS 管理能力，因此可以兼顾不同类型业务的时延和流量调节需求。其具体原理为：在网络接入节点进行流分类，并根据业务需求为不同的业务流配置相应的带宽参数、业务优先级、队列调度机制等，而在网络的中间节点，根据 MPLS 标签中 EXP 字段携带的业务类型和优先级标识，执行不同的 PHB（每跳转发行为），实现对不同类型和优先级的报文进行不同的缓存和排队机制处理，使 EF 业务能够快速转发，保证其延时和抖动性能满足业务要求。分组传送网结构如图 6-2 所示。

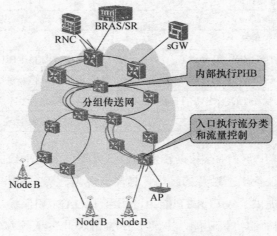

图 6-2　分组传送网结构示意

分组传送网流分类的方式非常灵活，可以根据端口、端口+VLAN、VLAN优先级、IP 报文优先级字段等进行分类，也可以是多种条件的组合，根据基站和 WLAN 业务的特性选择合适的流分类方式，将话音业务设置为高优先级的 EF 业务，数据业务设置为低优先级的 AF 或 BE 业务，即可实现既保证话音业务的时延抖动要求，又在最大程度上缓冲数据业务突发流量对移动回传网络造成的冲击。

由于基站覆盖范围一般较大，而 WLAN 热点覆盖范围较小，而通常分组传送网的接入节点与基站放置在较接近的位置，为使 WLAN 热点能接入到分组传送网，通常还需通过汇聚交换机进行 WLAN 热点的业务汇聚，再接入到分组传送网的接入节点，形成的网络拓扑结构如图 6-3 所示。在该网络拓扑架构下，可以实现 WLAN 和 3G/LTE 业务的统一承载。

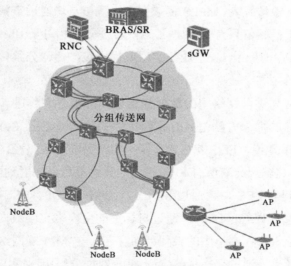

图 6-3　分组传送网络拓扑结构

6.4　回传网络的关键技术

6.4.1　MPLS 标签转发

由于传统的交换机或路由器均采用无连接技术，业务在到达每一个节点都需要查找 MAC 地址表或路由表以决定下一跳出口,而 MAC 地址或 IP 地址的查找效率较低,而 MPLS 标签转发则可以解决这一问题。

MPLS 标签转发技术通过在原 IP 报文基础上增加一层 MPLS 标签,实现基于标签的转发,并通过相关控制协议(LDP 或 RSVP-TE)建立标签转发的路径,将无连接的 IP 网络改造成有连接的网络。MPLS 标签的格式如图 6-4 所示。

图 6-4　MPLS 标签格式

其中,Label 是一个标签值,也是 MPLS 标签转发的依据,在每一个网络节点均有一个标签转发表,MPLS 隧道在每一跳节点均通过查找标签转发表来完成转发。由于标签值只有 20bit,其查找转发效率相对于 IP 或 MAC 转发要高出很多。EXP 字段用于表示业务类型或优先级,使得分组传送网络在每一跳均可部署 QoS 功能。

分组传送网为进入网络中的数据分组分配标签,并将进入网络的各种数据分组通过特殊的抽象方法把具有相同特性的数据分组定义为一类转发等价类(FEC),简单地说,FEC 就是定义了一组沿着同一条路径,有相同处理过程的数据分组。这就意味着所有 FEC 相同的分组都可以映射到同一个标签中。在 MPLS 网络建立 FEC 时,通过 MPLS 控制信令 LDP、RSVP-TE 等协议为 FEC 建立标签转发路径(LSP)。通过对标签的交换来实现数据分组的转发。标签作为数据分组头在网络中的替代品而存在,在 MPLS 网络内部在数据分组所经过的路径沿途通过交换标签(而不是看数据分组头)来实现转发;当数据分组要退出 MPLS 网络时,数据分组被解开封装,继续按照原有数据分组的路由方式到达目的地。

6.4.2　QoS

分组传送技术具备较完善的 QoS 能力,能够以有限的带宽,最大程度地满足不同用户、不同业务的服务质量要求。

QoS 的机制主要分 InterServ 和 DiffServ 两种，由于 InterServ 较复杂并且扩展性较差（需升级使得网络中所有节点均支持 InterServ 机制），目前通常都采用 DiffServ 机制。DiffServ 机制的基本思想是将用户的数据流按照服务质量要求来划分等级，任何用户的数据流都可以自由进入网络。但是当网络出现拥塞时，级别高的数据流在排队和占用资源时比级别低的数据流有更高的优先权。

DiffServ 机制下的 QoS 处理流程如图 6-5 所示。

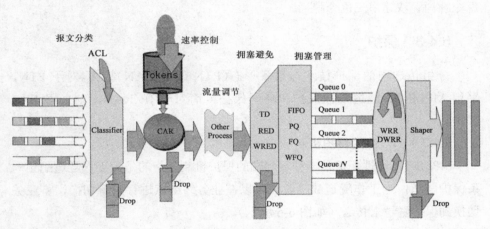

图 6-5　QoS 处理流程

通过报文分类可以实现不同业务的区分对待，针对不同种类的业务采用不同的控制策略达到预期的服务质量。

报文分类之后，业务分为 3 大类，包括：

● EF（快速转发）业务：可以保证严格的时延、抖动，适用于话音、视频会议等实时性业务。

● AF（确保转发）业务：可以保证相应的带宽，使用于视频点播等业务。

● BE（尽力转发）业务：无带宽和时延保证，尽可能服务，适用于上网、FTP 等业务。

对于这 3 种类型的报文，在 QoS 处理时将采用不同的速率控制、拥塞管理机制。

进行速率控制时可以指定业务的 CIR（保证带宽）和 PIR（峰值带宽）参

数，实现业务带宽的弹性控制，当某一业务流量较小时，其未占用的带宽可以为其他业务共享。

拥塞避免实现对不符合要求的报文进行早期丢弃，报告丢弃策略有：TD（尾丢弃）、RED(随机早期丢弃)和WRED(加权随机早期丢弃)。

拥塞管理是指在发生拥塞时的队列调度，调度方法有FIFO（先进先出队列）、PQ（严格优先级队列）、WFQ（加权公平队列）等。

流量调节用于限制进入网络的业务流量与突发，调节算法有：单速率双色令牌桶、双速率三色令牌桶。

6.4.3　保护

分组传送网的保护技术与设备形态(PTN或IP RAN)相关。对于PTN，采用MPLS-TP隧道线性保护和环网保护；而对于IP RAN，则采用FRR保护。

6.4.3.1　PTN的保护机制

MPLS-TP线性保护是一种端到端的保护机制，指的是为工作隧道配置一条保护隧道，当工作隧道故障时，可以在业务终结点进行主备切换，将业务切换到保护隧道上传送（如图6-6所示）。

图6-6　保护机制示意

环网保护属于一种局部保护技术，其保护的是MPLS-TP隧道的一段。环网保护的架构如图6-7所示。

对于一条工作LSP，在环网上存在一条环形的保护LSP（两条LSP均为双向LSP），该环形LSP用于实现对工作LSP的保护，当环上任意一处发生故障时，工作LSP将业务切换到相反方向的保护LSP路径，从而完成对工作LSP

业务的保护。

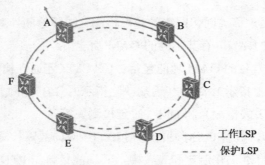

图 6-7　环网保护示意

　　环网保护具有 OAM 开销小，倒换效率高等优势，是对现网线性保护机制的补充和完善。

6.4.3.2　IP RAN 的保护机制

　　基于 MPLS 的 FRR（Fast ReRoute）技术也是一种局部保护技术，MPLS 快速重路由技术事先建立本地备份路由，用于保护工作隧道，使其不受链路/节点故障的影响，当故障发生时，检测到链路/节点故障的设备就可以快速将业务从故障链路切换到备份路径上，同时头节点就可以在数据传输不受影响的同时继续发起主路径的重建。如图 6-8 所示。

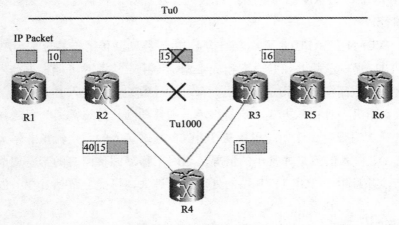

图 6-8　FRR 技术示意

6.4.4　OAM

OAM 机制用于移动回传网络的故障检测、故障诊断，对于具体的分组传送技术 PTN 或 IP RAN，有其不同的 OAM 功能集。

对于 PTN，具备的 OAM 功能包括：CC/CV（连通性检测）、LCK（通道锁定）、AIS（告警指示）、RDI（远端缺陷指示）、LB（环回）、LT（Trace 功能）、LM（分组丢失检测）和 DM（时延检测）等。

对于 IP RAN，具备 OAM 功能包括 BFD（双向故障检测）、Ping 和 Trace 功能。其余功能标准仍在制定和完善中，其功能集将与 PTN 趋同。

6.5　移动回传网络的负荷分担机制

6.5.1　负荷分担需求

负荷分担指的是在端到端业务存在多条业务路径的情况下，为避免所有业务都走同一条业务路径，造成该业务路径上流量过大而产生分组丢失，需要通过一定的方法，将业务公平地分配到多条业务路径上。比如，常用的做法是在业务发送端根据业务报文的报文头某个关键字（如目标 MAC、目标 IP 地址、VLAN 编号等）进行散列算法计算，根据计算结果选择一条业务路径。

在 WLAN 和 3G/LTE 紧耦合架构下，由于移动回传网需要分别为 WLAN 和 3G/LTE 提供承载路径并分配相应带宽，而用户接入时可能根据信号强度选择接入点或用户自行指定接入点，有可能导致某一种接入方式的业务流量非常大，而另一种接入方式下流量很小，则移动回传网络需要为每种接入方式提供最大的带宽。比如：出现从 3G/LTE 基站接入的用户流量非常大，而从 WLAN 接入的流量非常小的情况，这对于移动回传网络的带宽造成较大的冲击，并且由于 3G/LTE 基站的处理流量过大，可能导致话音业务的质量下降。

因此需要采取一定的负荷分担机制来平衡 WLAN 与 3G/LTE 基站的业务回传流量，使得同一区域的用户能基本均匀地分布在两种接入方式之间。

对于 WLAN 和 3G/LTE 业务回传的负荷分担，需要考虑以下两种场景。

● 场景一：WLAN 和 3G/LTE 回传路径不重合，包括：两者接入的是不同厂家或不同类型的分组传送网络（比如一个接入 PTN 网络，另一个接入 IP RAN 网络），或者虽然接入同一张分组传送网，但接入点不一样，移动回传路径无法重合。

● 场景二：WLAN 和 3G/LTE 回传路径重合。

对于场景一，由于移动回传路径不重合，必须依靠核心网控制来实现两条独立回传路径业务量的负荷分担，而对于场景二，则可以依靠移动回传网络本身的技术来避免业务流量不均衡产生的影响，以下对这两种场景分别进行具体分析。

6.5.2 回传路径相互独立情况下的负荷分担

此时移动回传网提供两条独立的回传路径，每条回传路径的带宽、业务优先级等需求根据业务要求进行设置，负荷分担由核心网控制。

当用户可以同时通过 WLAN 和 3G/LTE 两种方式接入网络时，核心网根据当前不同接入方式的业务负荷情况，通过信令控制为用户选择合适的接入方式。此时，用户可以选择 WLAN 接入或者 3G/LTE 接入，完全根据用户终端的设置或者用户本身的意愿。

此时，如果通过终端进行网络接入选择，对于 3G/LTE 有一个非常显著的特性——开机即连接。只要用户的双模终端(3G/LTE+Wi-Fi)保持开机，那么 3G/LTE 自动发起默认承载连接。如果用户进入 WLAN 的覆盖区域，WLAN 网络可以提供更加便宜的宽带应用。用户可以手动选择 WLAN 接入，此时 3G/LTE 和 WLAN 两个连接同时接入网络。

那么用户数据会话的数据流从哪个连接转发，就涉及回传网络的负荷分担算法。核心网 PDN GW 为用户提供指定业务网络的接入，能够通过 DPI 引擎来进一步检查多种数据应用的业务特征，如 FTP 下载、P2P 下载以及视频流媒体服务。

根据 Cisco 的无线网络数据流量分析，到 2014 年 66% 的数据流量都是移动视频媒体流，如图 6-9 所示。

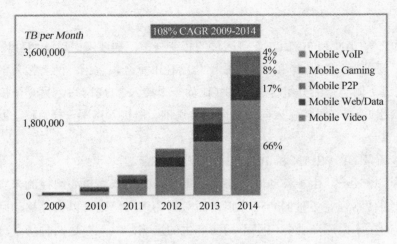

图 6-9　无线网络数据流量分析

移动视频媒体流在目前终端上的显示比率有限，但是有些可以播放高清晰度的 3G/LTE 终端，可以让移动媒体流带宽在 2Mbit/s 左右，此时所有用户都在一个区域使用移动流媒体时，峰值带宽将会突发激增，以至于 WLAN 和 3G/LTE 每个回传网络都得保留峰值带宽资源，已满足忙时多个数据用户的并发数据流媒体的带宽要求（如图 6-10 所示）。

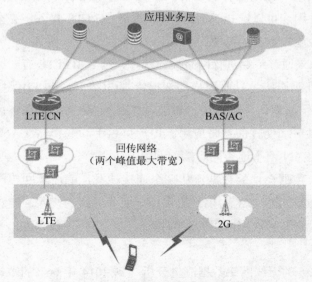

图 6-10　忙时并发数据移动流媒体示意

移动融合网络的回传机制与负荷分担

回传网络独立情况下，每个网络都只能按最大的峰值带宽预留回传网络资源，明显对回传网络造成了极大浪费。因此，按照以上分析的 3G/LTE 和 WLAN 接入的并发性质，考虑通过 PDN GW 统一锚点，分析网络流量的特征，结合 PCRF 来对用户的数据业务进行分流。

该算法的主要思想是通过 PDN GW 的反馈信息来指导终端进行业务分流，将部分数据业务流通过 WLAN 的回传网络进行转发，而另一部分业务流通过 3G/LTE 回传网络转发，通过 PDN GW 对每一个终端的多种业务流进行分流，从而在回传网络带宽上，仅保证总体的峰值带宽即可（如图 6-11 所示）。

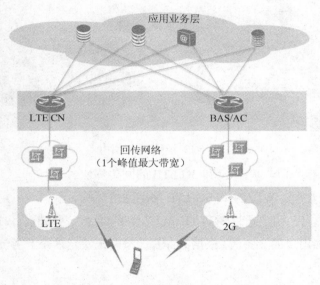

图 6-11　并发网络示意

通常情况下，WLAN 处于热点地区，往往 3~5 个热点由一个交换机进行汇聚，因此，按照 3G/LTE+WLAN 网络最大值的 1/3 考虑留给 WLAN 的回传网络。这样，通过 PDN GW 的业务流调度在 WLAN 和 3G/LTE 两个回传网络进行负荷分担。

此时，对终端需要进行进一步的深度定制，终端的具体定制功能如下。

1）终端可以接受 PDN GW 发来的网络分流控制消息，能够按照网络下发的策略区分业务流进行分流。

2）终端能够通过网络分流控制消息，通知网络用户 WLAN 的状态，以便用户移动后，网络及时调整分流策略。

通过网络进行分流的具体架构如图 6-12 所示，该架构主要满足如下的回传算法。

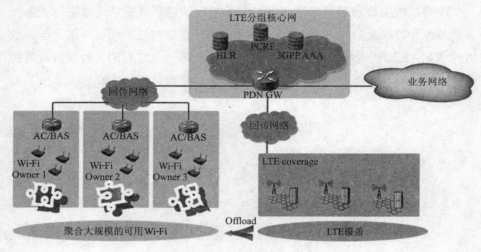

图 6-12　网络分流架构

1）静态接入时，WLAN 和 3G/LTE 的回传算法。

2）移动性时，WLAN 和 3G/LTE 移动回传算法。

对于问题 1，用户通过 3G/LTE+WLAN 终端接入网络时，PDN GW 通过 DPI 方式感知用户的业务流，根据 PCRF 的策略来决定这个业务流应该从哪个网络分流。

此时，PCRF 可以根据用户业务流的特征决定这个业务流从哪个网络转发，通常的原则如下。

1）FTP，P2P, 在线阅读，手机报等大流量的数据应用流从 WLAN 转发。

2）视频流媒体，在线音乐从 3G/LTE 转发，因为 3G/LTE 可以保证实时业务的 QoS。

3）在线游戏，即时通信等业务优先从 WLAN 转发。

通过这种配置策略，当用户进入 WLAN 热点覆盖区时，大部分流量都可以从 WLAN 分流走，而只保持一部分 QoS 有特别要求的流量通过 3G/LTE 进行转发。

通过这种反馈分流机制，可以保持 WLAN 和 3G/LTE 两个回传网络，即使在忙时突发业务较多的情况下，两个回传网络的负荷仍然是均衡的。

对于问题 2，用户从 WLAN 的网络发生移动离开 WLAN 覆盖区，此时 3G/LTE 的回传网络压力增大，因此，对于移动时的回传网络负荷，只能根据忙时忙区的统计，在 3G/LTE 的忙小区附近建立多个 WLAN 热点，尽量分流 WLAN 的数据流量到 3G/LTE 网络。保持单 LTE 的覆盖多是在广场、公园、道路等公众活动地区，而 WLAN 则尽量将所有楼宇进行覆盖。

综上，根据 WLAN 和 3G/LTE 回传网络路径独立的情况下，通过核心网对用户数据业务的详细解析，由网络通过专用的分流策略消息来通知终端自动地针对大流量、低实时性的数据业务进行分流，从而将回传网络的资源做到了统一规划、协同使用，降低了回传网络独立部署的总体开销。

6.5.3 回传路径一致情况下的负荷分担

WLAN 热点区域与基站覆盖区域重叠的应用场景较为普遍，此时可以利用分组传送网来同时实现基站业务和 WLAN 业务的回传，将基站业务和 WLAN 业务接入到分组传送网的同一端设备，经过分组传送网的传送后，由同一端分组传送设备落地，将业务分别接入到 RNC 和 BRAS/SR，如图 6-13 所示。

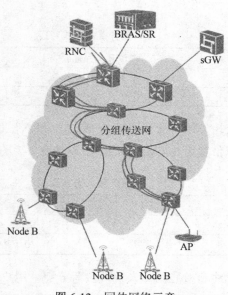

图 6-13 回传网络示意

此时分组传送网为 WLAN 和 3G/LTE 提供两条回传路径，需要在分组传送网中创建两条 LSP 隧道，分别用于承载 WLAN 和 3G/LTE 业务。

由于回传路径是重合的，可以利用分组传送网的带宽灵活管理特性实现隧道带宽共享功能，即只为一条隧道分配指定的带宽（该带宽为基站和 WLAN 所需带宽之和），而另一条隧道设置为共享前一条隧道的带宽属性。相当于分组传送网为 WLAN 业务和 3G/LTE 业务分配了一份带宽和两条业务隧道，无论用户业务仅用 WLAN 还是 3G/LTE 网络，其在移动回传网络内都共享同一份带宽。

下面以实际应用场景举例说明如下。

假设某基站覆盖区域，同时部署了 WLAN 热点，基站和 WLAN 热点共同为该区域内的用户提供总计峰值 200Mbit/s 的数据业务带宽，另外为保障话音业务的需求，基站业务需要有 30Mbit/s 的保证带宽。在未实现负荷分担的情况下，由于要考虑到区域内的所有用户均从基站接入或从 WLAN 接入的情况，则移动回传网需要为基站回传业务分配 40Mbit/s 保证带宽和 200Mbit/s 峰值带宽，为 WLAN 回传业务分配 200Mbit/s 峰值带宽（由于 WLAN 接入的均为数据业务，一般不分配保证带宽，也可根据实际需求分配一定的保证带宽），如表 6-2 所示。

表 6-2　　　　　　　　　　　　业务接入方式对应

业务接入方式	CIR（保证带宽）	PIR（峰值带宽）
3G/LTE	30	200
WLAN	0	200

而考虑到负载分担，用户业务可能从 WLAN 接入，也可能从 3G/LTE 基站接入，但总的峰值带宽为 200Mbit/s，则可以按表 6-3 的方式配置。

表 6-3　　　　　　　　　　　　业务接入方式配置

业务接入方式	CIR（保证带宽）	PIR（值带宽）
3G/LTE	30	200
WLAN	0	0（共享 3G/LTE 带宽）

此时，即使在无线和核心网侧未实现负荷分担，用户无论全部从 WLAN 接入还是全部从 3G/LTE 基站接入，对于移动回传网络而言，虽然使用的是两

条不同的业务隧道，但其承载路径上的业务负荷没有区别，起到承载侧负荷分担的效果。

6.5.4　紧耦合架构下的业务切换

在 WLAN 与 3G/LTE 紧耦合架构下，不可避免地存在 WLAN 与 3G/LTE 之间的流量切换，这种切换可能是用户自身需求触发的，也可能是为了实现 WLAN 与 3G/LTE 之间的业务流量负荷分担而由核心网控制触发的。

无论是前文所述的场景一或场景二，WLAN 和 3G/LTE 业务在移动回传时均为两条路径，在移动回传网络接入点处也是分两个不同端口接入的，因此，移动回传网络本身感知不到用户是否在 WLAN 与 3G/LTE 之间发生切换，而只能感知到移动回传业务的流量发生变化，而在场景二，通过隧道带宽共享技术可以抵消这种切换引起的流量变化。

当用户流量在 WLAN 与 3G/LTE 之间切换时，导致的报文切片与重组，需要在核心网来完成。

本章小结

移动回传网络可以通过分发标签使统一类数据分组沿着相同的路径分发，能够最大程度地满足不同用户、不同业务的服务质量要求。对于 WLAN 和 3G/LTE 业务回传的负荷分担，需要考虑多种情况，移动回传网络需要为每种接入方式提供最大的带宽。移动回传网络本身感知不到用户是否在 WLAN 与 3G/LTE 之间发生切换，而只能感知到移动回传业务的流量发生变化。

参考文献：

[1] 武向军. 承载技术的革命——PTN [J]. 通信世界，2009.

[2] 丁奇，阳桢. 大话移动通信[M]. 北京：人民邮电出版社，2011.

[3] PEPELNJAK，IGUICHARD J.MPLS 和 VPN 体系结构[M]. 北京：人民邮电出版社，2010.

[4] 孙良旭，张玉军，李林林，吴建胜. 路由交换技术[M]. 北京：清华大学出版社，2010.

［5］GOLDING P. Connected Services: A Guide to the Internet Technologies Shaping the Future of Mobile Services and Operators　Wiley,2011.

［6］YONG S K, XIA P F, Valdes-Garcia AS, 60GHz Technology for Gbps WLAN and WPAN: From Theory to Practice　Wiley,2011.

［7］庞韶敏. 3G UMTS 与 4G LTE 核心网:CS,PS,EPC,IMS [M]. 北京：电子工业出版社，2011.

第**7**章

移动融合网络的业务安全管理

WLAN 与 3G 网络的融合中，WLAN 有着低廉的价格和高速的接入，并且在可预见的未来，速度会进一步提升。这时一个自然的想法就是利用 3G 良好漫游特性和安全的计费服务系统来整合 WLAN 的接入方式，为用户提供良好的移动性和高的接入速度和相对低廉的价格。WLAN 与 3G 网络融合有两种参考模型：松耦合与紧耦合。在安全性方面两种方案有很大差别。松耦合需要 3GPP 执行认证方法，允许认证协议通过在链路层使用 Internet 协议——可扩展认证协议(EAP)和认证、授权、计费（AAA）作为传输机制，避免了链路层的修改；而紧耦合方案依赖于整个 3G 安全体系，并要求在 WLAN 系统中实现 3G 网络的协议栈和接口。本章着重对同一认证技术和算法做分析。

7.1 紧耦合架构网络面临的安全威胁

7.1.1 3G-WLAN 互联面临的安全威胁和攻击

为了分析 3G-WLAN 互联面临的安全威胁，首先要建立各个参与者之间的信任关系模型。图 7-1 简单显示了在 3G-WLAN 互联网络中 3 个重要参与者之间的信任关系。

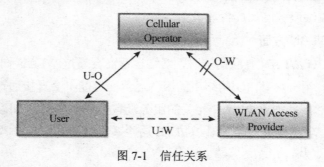

图 7-1　信任关系

其中，蜂窝网运营商（Cellular Operator）提供 GSM/GPRS/UMTS 服务，包括漫游时和其他方协定。WLAN 接入提供商为公众提供 WLAN 网络接入服务。WLAN 接服务商可能是无线 ISP，单独提供 WLAN 接入服务，或是蜂窝网络运营商的一成员，也可能是蜂窝网络运营商的一个合作伙伴。用户就是向蜂窝网络运营商交费以期获取服务的客户。信任接口如 u-o、o-w 等，代表各成员之间的信任协议，如共享密码等。下面分别列出了与 3G-WLAN 互联网络中各个参与者所面临的安全威胁。

7.1.1.1 蜂窝网络运营商

1．WLAN 服务方面

蜂窝网络运营商为 WLAN 用户提供 WLAN 服务，将面临如下和 WLAN 服务相关的潜在威胁。

● 攻击者可能绕过访问控制和授权机制来免费获取 WLAN 的服务攻击者伪装成一个合法的用户来获取 WLAN 的服务，而被冒充的那个合法的用户却因为该攻击者的网络使用而交费。

● 攻击者本身是 WLAN 的合法用户，拥有 WLAN 用户账号等，是运营商的一个客户，但绕开了授权机制来获取自己没有交费使用的服务。

● 攻击者干扰 WLAN 服务相关的记账系统，使得合法用户收到错误的账单。

● 攻击者本身是 WLAN 的合法用户，干扰记账系统，以篡改自己的账单，把金额改小等。

● 攻击者让其他合法的用户无法得到 WLAN 服务，如发动拒绝服务攻击（DoS）。

● 攻击者让其他合法用户无法得到运营商的 WLAN 服务，自己架起一个伪 AP 提供流氓服务（如广告等）。

2．非 WLAN 方面

在提供 3G-WLAN 互联的同时，网络运营商会通过 WLAN 向用户提供一些增值服务。另外一些 3G 网络中的服务运营商可能不会直接通过 WLAN 向用户提供。然而，如果 WLAN 相关的服务没有被安全地保护和隔离，攻击者将可能透过 WLAN 的连接来对 3G/LTE 这些系统服务进行攻击，如伪装假冒、DoS、MitM（中间人攻击）等。

7.1.1.2　WLAN 用户

实际上，因为用户向 3GPP 网络运营商交费获取服务，从某种程度上说，对用户的威胁也是对网络运营商的威胁。如果用户因为使用 WLAN 服务而财产受到威胁，用户可能会拒绝使用 WLAN 服务，或不太愿意为该服务向运营商交费，甚至还会要求运营商对用户的损失负责。下面从 WLAN 用户角度，列出了他们可能面临的威胁。

1．WLAN 服务获得方面

● WLAN 用户来获取服务，让真正合法用户交费。攻击者还可能通过这种手段进行欺骗行为。

● 攻击者让受害的用户交他们实际上没有请求的服务费用。

● 用户可能无法获得运营商提供的服务，相反得到攻击者提供的"伪服务"。

2．用户数据和隐私方面

用户在通过 WLAN 获得服务的同时，他们的私人信息如用户 ID、他们在何时何地获取什么样的服务等，不被非授权的第三方知道。用户也期望在用户端保存的信息不被其他非授权用户得到。下面列出用户在数据和隐私方面可能的威胁。

● 攻击者会获取用户通过 WLAN 服务传递的信息，如用户在认证过程中传递的证书、密码，或通信过程中的其他信息，如文档等。

● 用户在通过 WLAN 服务发送/接受信息时，攻击者可能篡改、伪装用户的信息。

● 攻击者可能通过分析用户的数据流来获取用户的私人信息，如推断出是哪个用户在何时何地获取什么样的服务等。

● 攻击者获取用户私人信息后可能在用户获取 WLAN 服务时跟踪用户的行为。

● 攻击者（可以是另一个合法用户）可能通过链路层在未经用户许可的情况下访问到用户的 WLAN 终端。

7.1.1.3　WLAN 网络接入提供商

一般来说，WLAN 接入网不在 3GPP-WLAN 互联的标准范围之内。但是考虑 WLAN 接入网提供商提供的 WLAN 服务和考虑 3GPP 运营商提供的

WLAN 服务一样重要。因为很多情况下对 3GPP-WLAN 互联网络的攻击可以通过攻击 WLAN 接入网来实现。因此，3GPP 运营商应该对 WLAN 接入网的安全接别有一定的要求，或制定一些比较健壮的协议以应对不同的 WLAN 接入网方面的安全级别。根据攻击者的意图，一种攻击形式可能会实现上述的多种的威胁。比如，一个攻击者架起一台伪 AP 可能能同时做到：①获取免费的服务；②修改用户的流量和信息；③发动 DoS 攻击等。攻击一般都是针对 WLAN 接入网进行的，但很可能对 3G/LTE 的服务产生不良影响。攻击可能来自网络内部也可能来自网络外部。攻击可以依据攻击者攻击的位置分为 4 类。

1．针对受害者的 WLAN UE（如手机等）的攻击

◉ 开放平台的终端可能被病毒、木马或其他恶意软件感染，这些软件能在用户不知觉的情况下运行，并实现各种各样的攻击。

◉ 隐藏在用户终端的木马可能会通过用户终端请求用户智能卡发送挑战—应答（Challenge-Response）消息给另外一个终端，以此来获取用户的密码，并用该密码发起服务请求。

◉ 木马可以执行各种各样的行为，如键盘记录或监测用户的敏感数据，把这些数据发送给另外一个机器。

◉ 恶意软件可能被利用来发起 DoS 攻击，如大量的用户终端在同一时间向目标发送某种请求导致目标机处理不过来。

◉ 恶意软件也可能不停地尝试连接其他 WLAN，以此干扰用户。

2．从攻击者的 WLAN UE 或 AP 发起的攻击

只要攻击者能连接到 WLAN 的笔记本计算机或一个 AP，就可以很容易地发动某些攻击。如在重要的频段上不断发送信号干扰正常通信，或发送 Disassociating 信号断开合法用户的连接（如果链路层没有完整性保护）等。用户和 AP 之间的数据除非受到保护，否则非常容易被监听到。攻击者还可以架设一台伪 AP，欺骗合法用户连到那里。这样，攻击者可以修改用户的数据流或把用户的数据流重定向到另外一个网络中，甚至欺骗用户以获取用户信用卡等信息。

3．针对 WLAN AN 架构的攻击

◉ 攻击者可以针对 AP，连接 AP 的 LAN、交换机等进行攻击。

⚫ 如果 WLAN 有一部分是通过有线电缆连接的，攻击者可能直接通过这部分电缆物理上的连接来勾住（Hook Up）一部分网络。

⚫ 攻击者干扰计费系统，如不断发送伪装了源 MAC/IP 地址的数据分组来增加真正合法用户的流量，让他们多交费。

4．从 Internet 的其他设备发起的攻击

⚫ 假如是按流量计费的，从网络外部的攻击者可能不停地向某个用户发送大量的垃圾数据，以增加该用户的流量，从而使得他多交费。

⚫ 如果用户机器被感染，还可能成为僵尸网络的一部分，受到外部攻击者的控制。

由此可见，由于和非 3G 网络 WLAN 的连接，引入了很多新的安全威胁。如何防范这些安全威胁为用户提供稳定可靠的服务，是 3G-WLAN 互联面临的挑战之一。

7.1.2　3 G/LTE-WLAN 互联的安全需求

通过对上述的安全威胁和攻击的分析，由此总结出 3G/LTE-WLAN 互联的安全需求，分为 3 个方面。

7.1.2.1　用户端安全需求

终端安全，包括如下内容。

⚫ 接入控制，即只有合法用户才能使用移动终端。

⚫ 抵抗各种病毒，使得移动终端免受到病毒、网络蠕虫等攻击。

⚫ 窃取保护，即如果终端被窃取，接入网络应该能锁住该终端，避免恶意攻击者利用该终端发起攻击。

7.1.2.2　通信和数据保密

⚫ 话音和数据通信的安全。

⚫ 位置、呼叫建立信息、用户身份、呼叫模式的保密。

⚫ 所使用服务的保密，未授权的参与者不能知道合法用户所使用的网络服务。

1．保证服务安全

⚫ 用户所接入的服务应该能够防止或减轻 DoS 拒绝服务攻击。

⚫ 能够抵抗冒牌的服务提供商。

⚫ 电子商务和移动商务的安全性。

另外，安全机制相对用户应该是透明的、足够可用的，用户使用方便。

2. 网络端安全需求

◉ 网络供应商需要提供网络的安全连接和安全断连，避免非授权的用户接入网络，或利用曾经离开该网络用户的连接。

◉ 运营商应对不同的服务和网络实体的接入进行控制。

◉ 提供好的安全计费机制，以便对用户使用网络的情况进行正确计费。

◉ 运营商应该保障网络设施的安全，以防止攻击者对网络以及网络实体的假冒攻击。安全机制应该能发现这样的攻击，并能提供报警以及系统自愈的功能。

◉ 无线环境中 DoS 攻击是非常容易实现的，现有技术还难以防止这种攻击，需要新的方法有效抵抗这种攻击。

◉ 网络运营商应该能防止虚假基站的攻击，即安全机制应该能保障这样的虚假基站，从而保护用户使用网络的安全性。

◉ 网络运营商应该在保障用户隐私的同时，能够合法截收用户的保密信息。

◉ 安全系统的管理和运营应该是简单和容易使用的。

3. 接入服务提供商的安全需求

◉ 服务只能提供给已经授权、已经认证过的用户，并能够针对用户的使用进行计费。

◉ 因为会存在虚假的服务和内容提供商，所以，安全机制应该能够发现这样虚假的服务和内容提供商。

◉ 网络运营商和服务提供商之间如何计费的问题。

◉ 运营商和服务提供商之间应该提供非抵赖的服务。

综合以上的分析，3G/LTE 和 WLAN 融合主要的安全需求如下。

1）在融合的网络中提供无缝移动，以及足够的安全性，但不能对系统的性能造成明显的影响。

2）移动性和位置保密性。

3）匿名性和可计费性：确保通过第三方提供的服务是可行的，人和软件的漏洞将是安全体系中最薄弱的一个环节。

7.2 融合网络安全架构研究

7.2.1 接入侧的安全

7.2.1.1 UMTS 接入侧的安全

在 UMTS 网络中，提出了 AKA 认证协议，该协议是一个双向的认证协议，解决了用户接入 UMTS 网络的安全机制，并提供了用户与网络通信的保密性所需要的密钥。

AKA 协议授权关系如图 7-2 所示。

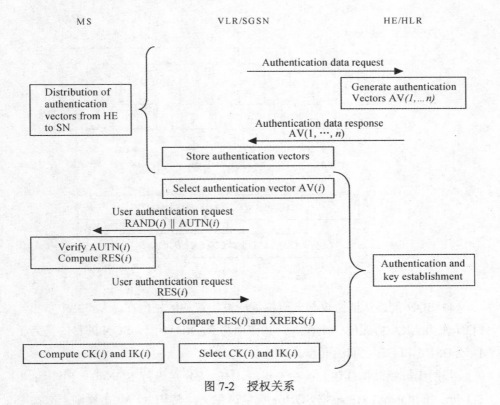

图 7-2　授权关系

需要说明的是：

1）该协议有 3 个假定：HE 相信 VLR 很安全地处理用户的认证信息；HE

与 VLR 之间的链路是安全的；User 是相信 HE 的。

2）该协议实质是一个双向的挑战应答协议，保证了 USIM 和 VLR 之间的双向认证，确保合法的 USIM 和 VLR 实体在进行通信。

3）AKA 协议的认证向量的输入为 SQN、RAND、Ki，输出为 XRES、CK、IK、AUTH。其中，认证向量 $AV=RAND\|XRES\|CK\|IK\|AUTH$，$AUTH=SQN\oplus AK\|AMF\|MAC$，各个字段的计算关系如图 7-3 所示。

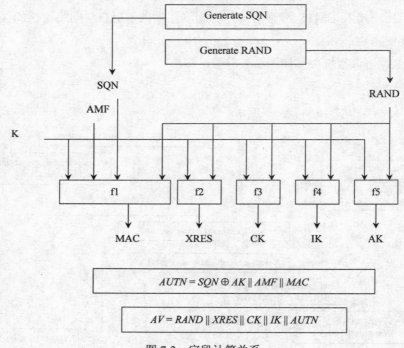

图 7-3　字段计算关系

4）SQN 是该认证协议与一般挑战应答协议的区别所在。从 3）中看出，SQN 作为 AKA 协议的一个输入，其作用与 RAND 不同，SQN 的目的是为了保证 USIM 和 HE 之间的同步。

其同步机制简单描述为：在 MS 和 HE 侧分别维持 SQN 的一个记录为 SQNms 和 SQNhe，HE 根据 SQNhe 批量产生 AV 给 VLR，VLR 原则上需按照 FIFO 取向量与 USIM 进行认证，考虑到协议异常或者其他因素导致两边的认证向量记录可能不一致，USIM 根据 VLR 发送的 AUTH 中的 SQN 信息判断该向量是否在其可接受的窗口范围之内，如果是即接受，否则将 SQNms 通过 AK′ 计算发送给 VLR，VLR 上报给 HE，HE 根据这个信息及 USIM 提供的认证信息 MAC-S 进行同步并发送有效的认证向量。

7.2.1.2　LTE 接入侧的安全

LTE 的认证协议与 3G 的认证协议是一致的，只是网络结构发生了变化，导致流程上有变化，简单地说，MME 替代 VLR 的功能，为用户提供接入认证，同时，MME 承担如 mobile management、call control、session management、identity management 等 NAS（Non Access Stratum）功能，MME 负责与 UE 之间建立 NAS 通道；eNode B 承担 3G 中 RNC 的部分功能，eNode B 负责与用户之间的 RRC 通道。所以在认证之后，密钥分配算法与 3G 有很大的不同。

与 LTE 安全框架相对应，ME 和 SN 之间的"绿色通道"即为 ME 与 MMC 之间的 NAS 通道。之所以 LTE 的安全接入协议有所改变，原因在于在 UMTS 架构中，RNC 承担着控制通道和数据通道的双重角色；而在 LTE 中，控制通道由 MME 承担，eNode B 负责数据通道（RRC）的维护，数据在 eNode B 处终结分发。为此，需要对控制通道和数据通道的安全分别考虑，这种框架和 STA-AP-AC 框架是一致的。

在 LTE 的安全接入协议中，完成 3G 的 AKA 协议之后，还需要进行一系列的密钥分配，其分配后的密钥框架如图 7-4 所示。

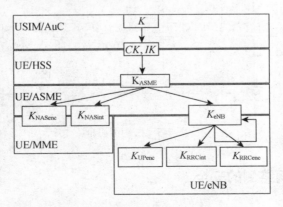

图 7-4　密钥框架

其中，CK、IK 为 UMTS AKA 协议后的结果，根据此密钥、SN ID

（PLMN ID）等一起产生临时的 K_{ASME}，此密钥为 UE 和 MME 共享，根据此密钥产生 K_{NAS} 进行 NAS 通道的完整性和私密性保护；并且产生 K_{eNB} 为 eNode B 与 UE 之间的数据链路和底层 RRC 链路的安全密钥，该密钥下发给 eNode B。

仅考虑 LTE 系统，不考虑 LTE 系统与其他（如 UTRAN 等）兼容时的密钥分配，密钥的更新情况说明如下：

1）K_{ASME} 不更新，除非发起新的 AKA 协议，由此可见，当 SN-ID 更新（如从中国移动到中国联通），肯定需要重新发起 AKA，此时整个密钥体系都要重新计算。

2）NAS 侧的密钥不更新，除非在属于同一个 SN 的 MME 间切换，且 MME 所选择的算法不一致。

3）K_{eNB} 更新（K_{ASME} 不更新时），其更新方式有两种：通过前面的 K_{eNB} 进行横向更新或通过 NH 进行纵向更新，保持 K_{eNB} 密钥的前向保密性。

4）底层的密钥包括 NAS、AS 和 UP 侧密钥的更新依赖于上层主密钥的更新或者切换时新的网元实体选择的算法发生了变化。

密钥的编码框如图 7-5 所示。

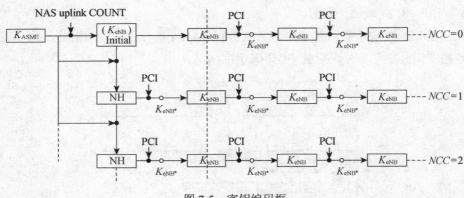

图 7-5　密钥编码框

7.2.2　网络侧的安全

这部分 3G 和 LTE 的基本框架变化不大，主要机制采取 IETF 中的 IKE 和 IPSec 两大安全标准，其基本框架如图 7-6 所示。

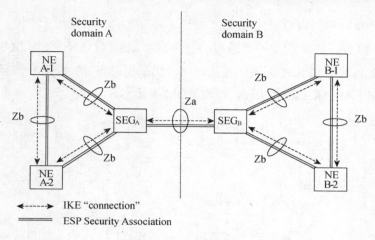

图 7-6　网络基本框架

根据网络的拓扑将实际的网络分割成不同的安全域（Security Domain），域内的网元之间通过 IPSec 进行通信，不同安全之间的网元需通过 SEG 之间的 IPSec Tunnel 进行通信。

7.2.3　融合网络的安全

UMA 安全网络结构如图 7-7 所示。

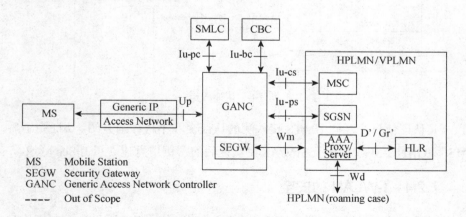

图 7-7　UMA 安全网络架构

在 UMA 架构中，主要考虑 MS 与 GANC 的 SEGW 之间的 IP Tunnel 的安全，MS 与核心网 CS CN 和 PS CN 按照 UMTS 的安全协议通过 GA-RRC 协

议承载转换处理，与 GANC 无关。

MS 和 GANC 之间是一个透明的 IP 网络，MS 和 GANC 使用 IKE 协议协商建立端到端的 IPSec 隧道，在认证时，仍采用 MS 的 USIM 信息，使用 EAP-SIM/EAP-AKA 进行认证，流程如图 7-8 所示。

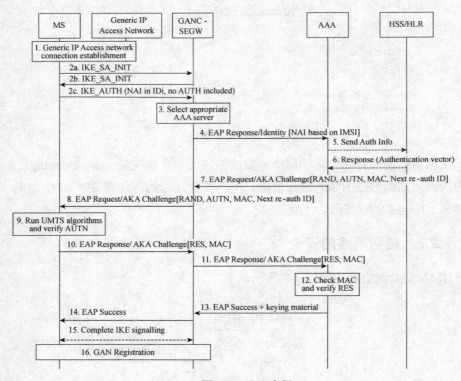

图 7-8　认证流程

其认证信息交互同 UMTS 接入测的认证交互不再详细介绍。认证完毕后，MS 和 GANC-SEGW 基于 SIM/AKA 认证后的密钥信息建立了 IPSec 隧道。

7.2.4　I-WLAN 的安全

I-WLAN 中提供了灵活的 WLAN 接入方式（如图 7-9 所示），包括 WLAN Direct IP Access（也称为 WLAN Access）和 WLAN 3GPP IP Access 两种方式。

在 WLAN Direct IP Access 模式下，接入侧的安全方案同 IEEE 802.11i 的标准方案，只是使用 3GPP AAA Server 作为 IEEE 802.11i 中定义的 AS 服务器，

并且认证协议采取 EAP-SIM/EAP-AKA（如图 7-10 所示）。

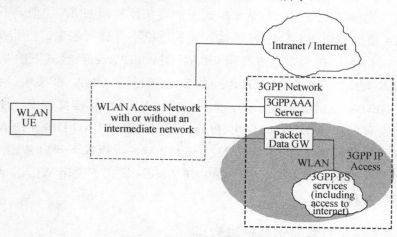

图 7-9　I-WLAN 接入方式框

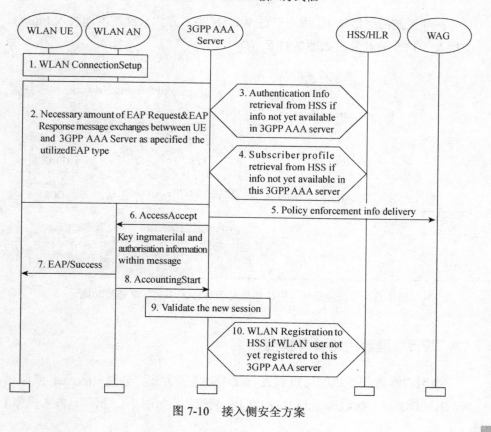

图 7-10　接入侧安全方案

在 WLAN 3GPP IP Access 下，WLAN AN 的接入安全和 UE 到 PDG 之间的安全隧道是独立的。这个模式下的鉴权授权同 UMA 类似，不同的是 UMA 框架中对 WLAN AN 的接入鉴权授权不做任何规定，在 I-WLAN 中，WLAN AN 的接入安全方案同 WLAN Direct IP Access 模式下的 WLAN AN 接入安全。UE 到 PDG 之间的安全隧道同 UMA 框架中 MS 到 GANC-SEGW 之间的隧道一致。此外，在 I-WLAN 标准文档中，注释说明运营商可以选择 WLAN 3GPP IP Access 模式和 WLAN Direct IP Access 两种模式的鉴权策略，比如 WLAN Direct IP Access 模式下开启 WLAN AN 的接入鉴权授权，而在 WLAN 3GPP IP Access 模式下关闭 WLAN AN 的接入鉴权授权。

7.2.5　非漫游网络参考模型

在非漫游网络结构中，用户通过 WLAN 接入方式只能在本地接入 Internet 或接入 3G PS 域业务，如图 7-11 所示。

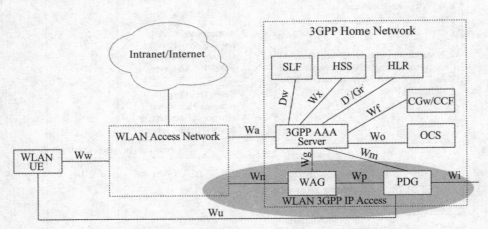

图 7-11　非漫游模型（阴影部分表示 WLAN 3G 的 IP 连接功能）

7.2.6　漫游网络参考模型 I

当用户漫游到外地时可以通过 WLAN 接入方式，通过 Internet 或经由 WAG、PDG 接入到归属地的 3G 网络 PS 域业务，如图 7-12 所示。参考模型 I

的特点是：3G 网络 PS 域业务由归属地网络提供。

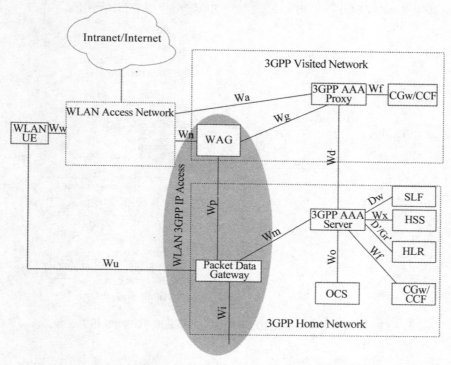

图 7-12　漫游参考模型 I（通过家乡网络提供 3GPP PS 相关业务）

7.2.7　漫游网络参考模型 II

漫游参考模型 II 与模型 I 的主要区别是，PDG 放置在访问地，用户漫游到外地时通过 WLAN 接入方式，经由 WAG、PDG 接入到访问地 3G 网络的 PS 域业务，如图 7-13 所示。

其中，WAG 和 PDG 是实现网络融合互联的两个关键实体，WAG 是 WLAN 网络接入 3G 网络的网关，主要功能是数据分组的过滤、路由、计费信息的采集。PDG 是用户通过 WLAN 接入到 3G PS 域的网关，主要功能为分组路由、地址解析、IP 地址绑定。认证、授权、计费服务器（AAA）在 3G 网络和 WLAN 网络之间，它执行相互认证功能，并通过 Wx 接口从家乡用户服务器（HSS，Home Subscriber Server）中获取用户的信息，如 IMSI(International Mobile Subscriber Identity)、认证向量（AV，Authentication Vector）等。因此，AAA 服务器在 3G 和 WLAN 融合互联中充当重要的角色。PDG 还能建立 IPSec 连接，用来安全地传输用户的数据。Wm 接口在 AAA 服务器和 PDG 之间安全地传输用户相关的私密信息。

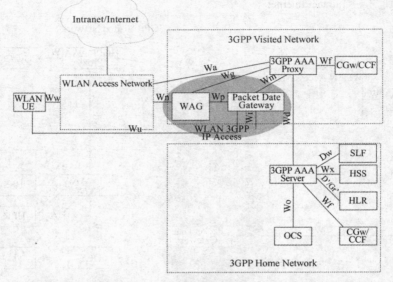

图 7-13　漫游参考模型 II（通过外地访问网络获取 3GPP PS 相关业务）

7.3　统一认证技术协议和算法及应用方案

7.3.1　EAP_SIM/AKA 认证协议概述

EAP_SIM/AKA 认证协议是由 IETF 制定的，EAP_SIM/AKA 认证机制不仅是作为一种无线局域网安全的认证机制被提出来的，而且也是无线局域网和现有的移动运营商网络结合起来的一项关键技术，在它的制定和完善过程中 3GPP 组织也有参与。

EAP_SIM/AKA 认证技术的核心为借助移动网络中的用户识别模块 SIM（USIM）卡将 WLAN 无线接入技术和基于移动网络的用户识别模块（SIM/USIM）的移动用户管理、蜂窝通信与 WLAN 接入网间的漫游组合起来，构成一种应用于移动环境中的 WLAN 接入网结构。由于无线局域网的高用户速率，在很大程度上缓解了移动用户的宽带数据业务对核心网的负荷。

对于无线局域网来讲，采用 EAP_SIM/AKA 认证最直接的优点有两方面：其一就是它是一种统一的更为安全的认证方式，在此认证方式下，所有的用户信息和部分原始鉴权数据、算法都集成在 SIM（USIM）卡上，同时这些数据和算法在 HLR/AUC 上同样存在，这就避免了在空中传输，所以它比其他典型的用户－密码认证方式更能抵御黑客的攻击；其二，此认证方式可以充分利用已有的移动网络和数据库资源。

数据消息在网络上被盗取资料可能的危险性很大，为了提供更强大的安全性，除了使用 GSM/GPRS 的 A3、A8 算法以外，还利用其他的算法，包括 SHA1、PRF、HMAC-SHA1 等算法。在参数方面，除了使用由认证服务器端提供的来自 HLR/AUC 的三元参数组 RAND、Kc、SRES，还需由客户端提供的随机数 NONCE_MT 来实现客户端和认证服务器的双向认证，即不仅认证服务器端要确认客户端的合法性，客户端也需要确认认证服务器的合法性的，以避免黑客窃取客户资料，安全性得到加强。

无线传输比固定传输更易被窃听，如果不提供特别的保护措施，很容易被窃听或被假冒一个注册用户。20 世纪 80 年代的模拟系统深受其害，令用户利益受损，引入了 SIM 卡技术，从而在安全方面得到了极大改进。它通过鉴权来防止未授权的接入，这样保护了网络运营者和用户不被假冒的利益；通过对传输加密可以防止在无线信道上被窃听，从而保护了用户的隐私，而且这些保密机制全由运营者进行控制，用户不必加入更显安全。

由于通信中引入了 SIM（USIM）卡的技术，使无线电通信从不保密的禁区解放出来，只要客户手持一卡，可以实现走遍世界的愿望。

7.3.2 SIM（USIM）卡认证协议说明

在 GSM 网络中，安全接入基于 SIM 认证机制，解决了用户接入 GSM 网络的安全机制，提供了用户网络通信的保密性。

在 UMTS 网络中，基于 2G 的 SIM 认证机制，3G 提出了 AKA 认证协议，该协议是一个双向的认证协议，解决了用户接入 UMTS 网络的安全机制，并提供了用户与网络通信的保密性所需要的密钥。

7.3.2.1 SIM 卡鉴权认证流程

基于 SIM（USIM）卡的鉴权认证是 WLAN 接入移动环境的第一步也是

关键的一步，图 7-14 给出完整认证流程实现。

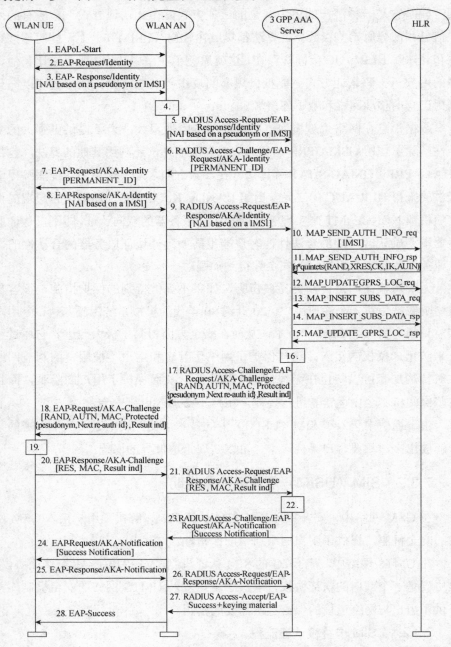

图 7-14　认证流程

1）WLAN UE 和 WLAN AN 建立关联之后，UE 向 WLAN AN 发送 EAPoL-Start，发起鉴权请求。

2）WLAN AN 发送 EAP-Request/Identity 消息到 WLAN UE。

3）WLAN UE 回复 EAP-Response/Identity 消息，向网络发送其用户身份标识信息，身份标识可以为伪随机 NAI 或永久 NAI。

4）WLAN AN 将 EAP 报文使用 RADIUS Access-Request 消息封装，并将 Identity 放在 RADIUS 的 User-Name 属性中，发送给 3GPP AAA Server。

5）3GPP AAA Server 收到包含用户身份的 EAP-Response/Identity 报文。

6）3GPP AAA Server 识别出用户准备使用的认证方法为 EAP-AKA。如果 UE 送上的 Identity 为伪随机 NAI，3GPP AAA Server 检查本地没有该伪随机 NAI 与 IMSI 的映射关系，则使用 EAP Request/AKA-Identity 消息再次请求永久 NAI（第 6）～9）步）仅用于 WLAN UE 漫游到新的拜访地而使用其他 AAA 分配的伪随机 NAI 接入认证的场景）。EAP 报文封装在 RADIUS Access-Challenge 消息中发送给 WLAN AN。

7）WLAN AN 转发 EAP-Request/AKA-Identity 消息到 WLAN UE。

8）WLAN UE 使用 EAP-Response/AKA-Identity 消息携带永久 NAI 进行响应。

9）WLAN AN 转发 EAP-Response/AKA-Identity 消息携带永久 NAI 到 3GPP AAA Server，EAP 报文封装在 RADIUS Access-Request 消息中。

10）3GPP AAA Server 检查本地是否缓存可用的鉴权向量，如果没有则向 HLR 发送 MAP_SEND_AUTH_INFO 请求，请求获取 n 组鉴权向量（n 可配置，取值范围为 1～5）。

11）HLR 响应 3GPP AAA Server 鉴权请求，下发 n 组鉴权五元组。

12）3GPP AAA Server 检查本地是否存在用户的签约信息。如果没有，则 AAA 向 HLR 发起 MAP_UPDATE_GPRS_LOC 或 MAP-RESTORE-DATA(可通过配置开关进行控制，详见《WLAN 与 2G/3G 网络融合 3GPP AAA Server 规范》)请求，获取用户签约信息。

13）HLR 向 3GPP AAA Server 发起插入用户数据 MAP_INSERT_SUBS_DATA 请求，向 3GPP AAA Server 插入数据。

14）3GPP AAA Server 响应 HLR 插入用户数据消息，完成用户签约信息获取。

15）HLR 向 3GPP AAA Server 回复 MAP_UPDATE_GPRS_LOC 或 MAP-RESTORE-DATA（可通过配置开关进行控制，详见"WLAN 与 2G/3G 网络融合 3GPP AAA Server 规范"）响应消息，完成 HLR 的交互流程。

16）3GPP AAA Server 检查用户签约通过后，根据算法生成 TEKs、MSK 和 EMSK（参见 IETF RFC 4187）。为支持标识保密功能，AAA Server 还要生成伪随机 NAI 和快速重鉴权 NAI，用于后续的全鉴权和快速重鉴权过程。

17）3GPP AAA Server 在 EAP-Request/AKA-Challenge 消息中发送 RAND、AUTH、一个消息鉴权码（MAC）和两个用户标识（伪随机 NAI 和快速重鉴权 NAI）给 WLAN AN，EAP 报文封装在 RADIUS Access-Challenge 消息中。3GPP AAA Server 可选发送给 WLAN UE 一个指示，指出希望保护最后的成功结果消息（如果结果成功）。

18）WLAN AN 转发 EAP-Request/AKA-Challenge 消息到 WLAN UE。

19）WLAN UE 运行 USIM 中 UMTS 算法。USIM 验证 AUTN 并且据此认证网络。如果 AUTN 验证错误，终端拒绝鉴权（未在本例中显示）；如果序列号验证失败，终端发起同步过程（参见 IETF RFC 4187）。重同步过程如下：

● USIM 根据 Ki、SQN、AMF 以及随机数 RAND，通过 f1star 计算 MAC-S、MAC-S 和 SQN 一起组成 AUTS，然后向 3GPP AAA Server 发送鉴权失败消息，带有参数 AUTS。

● 3GPP AAA Server 收到带有 AUTS 参数的鉴权失败消息后，发现是重同步过程，就向 HLR/AUC 索取新的鉴权向量。

● HLR 收到 3GPP AAA Server 的索取鉴权向量请求后，发现是重同步过程，就转入同步过程的处理。首先验证 SQN 是否在正确的范围内，即下一个产生的序列码 SQN 是否能被 USIM 接受。如果 SQN 在正确的范围内，那么 HLR/AUC 产生一批新的鉴权向量并把它发送给 3GPP AAA Server。如果 SQN 不在正确的范围内，则 HLR/AUC 根据 Ki、SQN、AMF、RAND，通过 f1star 算法计算并验证 XMAC-S。如果 XMAC-S=MAC-S，则把 SQNms 的值赋给 SQNHE，然后产生一批新的鉴权向量并把它发送给 3GPP AAA Server。

● 3GPP AAA Server 重新向 MS 发起一个鉴权流程，处理同正常的鉴权过程。

① 如果 AUTN 验证正确，USIM 计算 RES、IK 和 CK。WLAN UE 从由 USIM 新计算出的 IK 和 CK 推导出新的附加密钥素材，用新导出的密钥素材检查收到的 MAC。

② 如果收到受保护的伪随机身份和快速重鉴权身份，WLAN UE 保存这些临时身份用于后续鉴权。

20）WLAN UE 使用新密钥素材覆盖整个 EAP 消息计算新消息认证码值。WLAN UE 发送包含 RES 和新消息认证码的 EAP Response/AKA-Challenge 消息给 WLAN AN。如果 WLAN UE 从 3GPP AAA Server 收到认证结果保护指示，则 WLAN UE 必须在此消息中包含结果指示。否则 WLAN UE 必须忽略该指示。

21）WLAN AN 发送 EAP-Response/AKA-Challenge 报文到 3GPP AAA Server，EAP 报文封装在 RADIUS Access-Request 消息中。

22）3GPP AAA Server 检查收到的消息认证码（MAC），比较 XRES 和收到的 RES。

23）如果所有检查都成功，且 3GPP AAA Server 之前发送过认证结果保护标识，则 3GPP AAA Server 必须在发送 EAP Success 消息前发送 EAP-Request/AKA-Notification 消息。EAP 报文封装在 RADIUS Access-Challenge 消息中，且用 MAC 保护。

24）WLAN AN 转发 EAP 消息到 WLAN UE。

25）WLAN UE 发送 EAP-Response/AKA-Notification。

26）WLAN AN 发送 EAP-Response/AKA-Notification 消息到 3GPP AAA Server，EAP 报文封装在 RADIUS Access-Request 消息中。3GPP AAA Server 必须忽略该消息内容。

27）3GPP AAA Server 发送 EAP Success 消息到 WLAN AN（可能在发送 EAP-Notification 之前，参见第 23）步）描述。如果 3GPP AAA Server 产生了额外的用于 WLAN AN 和 WLAN UE 间链路保护的机密性和/或完整性保护的鉴权密钥，3GPP AAA Server 在 RADIUS Access-Accept 消息中包含这些密钥素材（WLAN AN 存储密钥信息，暂不使用）。

28）WLAN AN 通过 EAP Success 消息通知 WLAN UE 鉴权成功，至此，EAP-AKA 交互已经成功完成。

认证处理可能在任何时候失败，例如由于消息校验码检查失败或者 WLAN UE 没有对网络请求给予响应，这种情况下 EAP-AKA 过程将按 IETF RFC 4187 中描述终止。

7.3.2.2 EAP-SIM 认证

EAP-SIM 认证流程如图 7-15 所示。

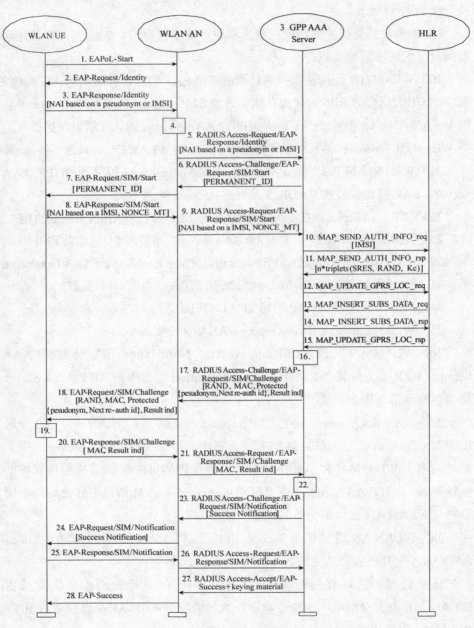

图 7-15 认证流程

1）WLAN UE 和 WLAN AN 建立关联之后，UE 向 WLAN AN 发送 EAPoL-Start，发起鉴权请求。

2）WLAN AN 发送 EAP-Request/Identity 消息到 WLAN UE。

3）WLAN UE 回复 EAP-Response/Identity 消息，向网络发送其用户身份标识信息，身份标识可以为伪随机 NAI 或永久 NAI。

4）WLAN AN 将 EAP 报文使用 RADIUS Access-Request 消息封装，并将 Identity 放在 RADIUS 的 User-Name 属性中，发送给 3GPP AAA Server。

5）3GPP AAA Server 收到包含用户身份的 EAP-Response/Identity 报文。

6）3GPP AAA Server 识别出用户准备使用的认证方法为 EAP-SIM。如果 UE 送上的 Identity 为伪随机 NAI，3GPP AAA Server 检查本地没有该伪随机 NAI 与 IMSI 的映射关系，则使用 EAP Request/SIM-Start 消息再次请求永久 NAI（第 6）～9））步仅用于 WLAN UE 漫游到新的拜访地而使用其他 AAA 分配的伪随机 NAI 接入认证的场景）。EAP 报文封装在 RADIUS Access-Challenge 消息中发送给 WLAN AN。

7）WLAN AN 转发 EAP-Request/SIM-Start 消息到 WLAN UE。

8）WLAN UE 使用 EAP-Response/SIM-Start 消息携带永久 NAI 进行响应。

9）WLAN AN 转发 EAP-Response/SIM-Start 消息携带永久 NAI 到 3GPP AAA Server，EAP 报文封装在 RADIUS Access-Request 消息中。

10）3GPP AAA Server 检查本地是否缓存可用的鉴权向量，如果没有则向 HLR 发送 MAP_SEND_AUTH_INFO 请求，请求获取 n 组鉴权向量（n 可配置，取值范围为 1～5）。

11）HLR 响应 3GPP AAA Server 鉴权请求，下发 n 组鉴权三元组。

12）3GPP AAA Server 检查本地是否存在用户的签约信息。如果没有，则 AAA 向 HLR 发起 MAP_UPDATE_GPRS_LOC 或 MAP-RESTORE-DATA(可通过配置开关进行控制，详见"《WLAN 与 2G/3G 网络融合 3GPP AAA Server 规范》)"请求，获取用户签约信息。

13）HLR 向 3GPP AAA Server 发起插入用户数据 MAP_INSERT_SUBS_DATA 请求，向 3GPP AAA Server 插入数据。

14）3GPP AAA Server 响应 HLR 插入用户数据消息，完成用户签约信息获取。

15）HLR 向 3GPP AAA Server 回复 MAP_UPDATE_GPRS_LOC 或 MAP-RESTORE-DATA(可通过配置开关进行控制，详见"WLAN 与 2G/3G 网络融合 3GPP AAA Server 规范")响应消息，完成 HLR 的交互流程。

16）3GPP AAA Server 检查用户签约通过后，根据算法生成 TEKs、MSK 和 EMSK（参见 IETF RFC 4186），将 m 组（默认 $m=2$，可配置，同步设备规范）RAND 串起来后生成一个 NXRAND。为支持标识保密功能，AAA Server 还要生成伪随机 NAI 和快速重鉴权 NAI，用于后续的全鉴权和快速重鉴权过程。

17）3GPP AAA Server 在 EAP-Request/SIM-Challenge 消息中发送 RAND，一个消息鉴权码（MAC）和两个用户标识（伪随机 NAI 和快速重鉴权 NAI）给 WLAN AN，EAP 报文封装在 RADIUS Access-Challenge 消息中。3GPP AAA Server 可选发送给 WLAN UE 一个指示。指出希望保护最后的成功结果消息（如果结果成功）。

18）WLAN AN 转发 EAP Request/SIM-Challenge 消息到 WLAN UE。

19）WLAN UE 根据每个 RAND 为 128bit，解析出 m 个 RAND，依据 GSM 算法得出 K_sres、K_int、K_ency、Session_Key，并且用 K_int 得出 AT_MAC，和接收到的 AT_MAC 进行比较，如果一致表示 AAA Server 认证通过。再利用 K_sres 作为 key 规定的算法生成 MAC_SRES。

20）WLAN UE 使用新密钥素材覆盖整个 EAP 消息计算新消息认证码值。WLAN UE 发送包含 RES 和新消息认证码的 EAP Response/SIM/Challenge 消息给 WLAN AN。

如果 WLAN UE 从 3GPP AAA Server 收到认证结果保护指示，则 WLAN UE 必须在此消息中包含结果指示。否则，WLAN UE 必须忽略该指示。

21）WLAN AN 发送 EAP Response/SIM-Challenge 报文到 3GPP AAA Server，EAP 报文封装在 RADIUS Access-Request 消息中。

22）3GPP AAA Server 利用本端产生的 K_sres 作为 key 生成 MAC_SRES，和接收到的 MAC_SRES 进行比较，如果一致表示客户端认证通过。

23）如果所有检查都成功，且 3GPP AAA Server 之前发送过认证结果保护标识，则 3GPP AAA Server 必须在发送 EAP Success 消息前发送 EAP Request/SIM/Notification 消息。EAP 报文封装在 RADIUS Access-Challenge 消息

中，且用 MAC 保护。

24）WLAN AN 转发 EAP 消息到 WLAN UE。

25）WLAN UE 发送 EAP Response/SIM-Notification。

26）WLAN AN 转发 EAP Response/SIM-Notification 消息到 3GPP AAA Server，EAP 报文封装在 RADIUS Access-Request 消息中。3GPP AAA Server 必须忽略该消息内容。

27）3GPP AAA Server 发送 EAP-Success 消息到 WLAN AN（可能在发送 EAP Notification 之前，参见第 23）步描述）。如果 3GPP AAA Server 产生了额外的用于 WLAN AN 和 WLAN UE 间链路保护的机密性和/或完整性保护的鉴权密钥，3GPP AAA Server 在 RADIUS Access-Accept 消息中包含这些密钥素材。

28）WLAN AN 通过 EAP Success 消息通知 WLAN UE 鉴权成功。至此，EAP-SIM 交互已经成功完成，WLAN UE 和 WLAN AN 共享交互过程中生成的密钥素材（WLAN AN 存储密钥信息，暂不使用）。

认证处理可能在任何时候失败，例如由于消息校验码检查失败或者 WLAN UE 没有对网络请求给予响应。这种情况下 EAP-SIM 过程将按 IETF RFC 4186 中描述终止。

7.3.3 SIM 认证的应用方案

SIM 认证作为 3GPP 融合组网认证的标准，现网架构如图 7-16 所示。

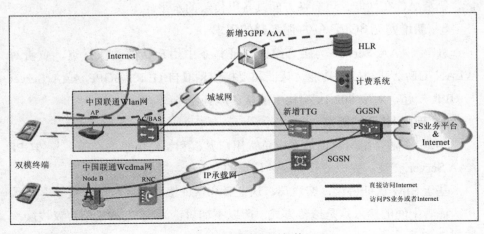

图 7-16 融合组网架构

融合组网在公共区域部署 WLAN 设备，改造 AC/BAS 设备为支持 W+W 融合的电信级设备，改造和升级现有计费系统，支持统一账户，新增 3GPP AAA 设备，支持统一鉴权和认证，为用户提供一致性的数据业务体验。

终端形式为 2G/3G+WLAN 双模手机；终端自动选择 2G/3G 和 WLAN，使用（U）SIM 卡自动接入，不需要手工输入用户名/密码，在用户接入 WLAN 网络的体验上有了一定的提升，可靠性得到增强。

融合组网统一认证是融合组网实现的关键一步，统一认证涉及的网元需要做修改，对于网络架构涉及的网元有需求。

1．对现网 AP 的需求

1）支持多 SSID。

2）同时支持 OPEN 模式和加密模式。

2．对现网 AC 的需求

1）支持接入 3GPP AAA。

2）同时支持 EAP-SIM/AKA 明文/加密认证和 Portal 认证。

3）支持区分 Portal 认证和 EAP 认证，并路由到不同的 AAA：Portal 认证路由到 WLAN AAA；EAP-SIM/AKA 认证路由到 3GPP AAA。

4）支持用户 IP 地址分配。

5）支持为不同认证方式用户的计费信息的生成，并发给不同的 AAA。

6）电信级要求：由于 AC 要承担大流量的处理和转发，同时提供计费功能，需要 AC 在性能、可靠性方面具备电信级的水平。

3．新增网元 3GPP AAA 服务器的需求

3GPP AAA Server 为融合组网认证体系中用户认证的执行点，负责对 WLAN UE 认证和授权功能，认证和授权信息取自 HLR。3GPP AAA Server 与 HLR 一起，对应 802.1x 架构中的认证服务器系统。

4．现网 HLR 的需求

HLR 在融合组网认证体系中负责用户鉴权和签约信息的存储，与 3GPP AAA Server 交互，完成鉴权和签约信息的交互。

基于 SIM 认证协议，客户端、认证者和认证服务器 3 部分（处于客户端和认证者中间的接入点是透传方式，所以不加讨论），三者的通信协议栈层次如图 7-17 所示。

融合组网统一认证应用方案阶段，协议对等实体很好地完成了协议信息的交互处理，形成统一认证应用方案的信息交互。

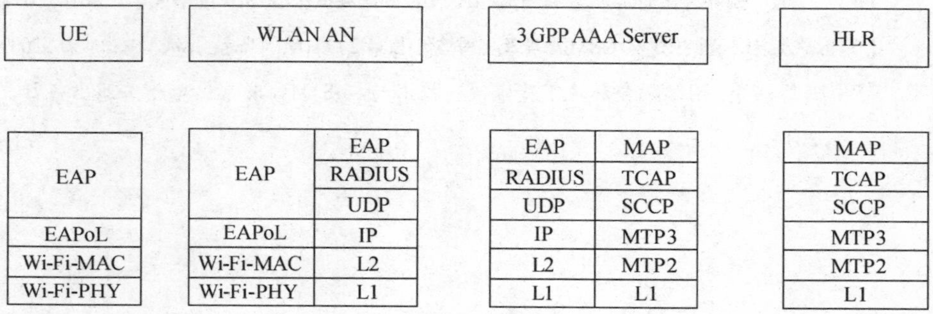

UE	WLAN AN	3GPP AAA Server	HLR

EAP	EAP		EAP	MAP		MAP
		EAP	RADIUS	TCAP		TCAP
		RADIUS	UDP	SCCP		SCCP
EAPoL	EAPoL	UDP	IP	MTP3		MTP3
Wi-Fi-MAC	Wi-Fi-MAC	IP	L2	MTP2		MTP2
Wi-Fi-PHY	Wi-Fi-PHY	L2	L1	L1		L1
		L1				

图 7-17   统一认证协议栈架构

本章小结

在 WLAN 与 3G 网络融合的两种架构中。松耦合是将 3G 业务域和 WLAN 业务域从逻辑上进行分离，通过移动 IP 技术来实现 WLAN 和 3G 切换过程中的位置管理和认证、授权、计费，WLAN 标准几乎不需要改变，它的好处是不需要汇聚层，这对开发时间等方面来说很重要，因此松耦合方案在 WLAN 和 3GPP 中备受关注。而紧耦合解决方案基于这样一个观点：用 WLAN 无线接口作为 UMTS 的承载者，将核心网中所有网络控制实体综合在一起，即将 WLAN 作为一个接入网直接连到 3G 核心网。

在安全性方面，两种方案有很大差别。松耦合需要 3GPP 执行认证方法，允许认证协议通过在链路层使用 Internet 协议——可扩展认证协议(EAP)和认证、授权、计费（AAA）作为传输机制，避免了链路层的修改；而紧耦合方案依赖于整个 3G 安全体系,并要求在 WLAN 系统中实现 3G 网络的协议栈和接口。

参考文献:

[1] 王喆，罗进文. 现代通信交换技术[M]. 北京: 人民邮电出版社,2008.

[2] 黄标, 彭木根. 无线网络规划与优化导论[M]. 北京: 北京邮电大学出版社,2011.

［3］BHAIJI Y. Network Security Technologies and Solutions [M]. Cisco Press, 2008.

［4］寇晓蕤, 罗军勇, 蔡延荣. 网络协议分析 [M]. 北京: 机械工业出版社, 2009.

［5］福罗赞. 世界著名计算机教材精选·TCP/IP 协议族[M]. 北京: 清华大学出版社, 2011.

［6］韩斌杰, 杜新颜, 张建斌. GSM 原理及其网络优化(第 2 版) [M]. 北京: 机械工业出版社, 2009.

［7］张传福等. 网络融合环境下宽带接入技术与应用[M]. 北京: 电子工业出版社, 2011.

第8章

未来融合网络

如今，网络技术正处于从传统的互联网到新一代互联网的革命风暴的中心，传统的数据中心正处于向着支持云计算运营模式的新一代数据中心的转变过程中，从物理层面到虚拟世界，从单打独斗到智能联动，这是 IT 行业又一次的飞跃。

本章从 3 个方面介绍了未来融合网络：①基于云计算技术的未来融合网络架构，对网络的接入、智能传输、业务管理给予描绘；②海量数据分析，基于云计算技术，提出统一信令监测平台架构，整合底层公共物理资源，实现统一信令存储、共享和海量信令数据挖掘；③智能网络控制，主要收集、存储、处理网络运营数据，为网络智能管理提供支撑，并可结合业务和用户数据，动态产生控制策略。

8.1 基于云计算技术的未来融合网络

8.1.1 云计算发展概述

云计算的思想最早起源于电话网，业界将透明的、黑箱的电话传输网称之为云。这里"云"隐喻互联网，云在过去代表电话网络，后来又被用来在计算机网络中作为互联网底层基础设施的抽象化表示。事实上，"云"这一名词借鉴于电信公司的电话网络，电信公司主要在提供专用点对点线路服务，直到 20 世纪 90 年代开始提供具有同等质量的虚拟专用网（VPN，Virtual Private Network）服务，但成本却低得多，通过合理地平衡利用流量，以更加有效地利用整体网络带宽。另外，云还可以用来更好地区分供应商和用户的职责。如今云计算的范畴已经扩展，不仅涉及网络基础设施，还包括了服务器。

云计算最早用于亚马逊 EC2 产品和 Google-IBM 分布式计算项目,是分布式处理、并行处理和网格计算的发展,或者说是这些计算机科学概念的商业实现。云计算的一个核心理念就是通过不断提高"云"的处理能力,进而减少用户终端的处理负担,最终使用户终端简化成一个单纯的执行设备,通过网络接入"云"中,并能以按需分配、即插即用的方式享受"云"带来的强大计算处理能力。云计算使得计算能力也可以作为一种商品进行流通,就像煤气、水电一样,取用方便,费用低廉。

云计算技术是 IT 产业界的一场技术革命,它已经成为了 IT 行业未来发展的方向。需求驱动、技术驱动和政策驱动 3 大驱动力给云计算的发展提供了极大助力。云计算以其特有的按需、易扩展的特点,为其使用者带来巨大的成本节约,中小企业可以通过云计算技术,在降低投入的同时更加便捷地接触到高端的 IT 技术,成为了云计算发展的需求驱动力。

随着信息通信技术相互渗透力度不断加大,技术融合演进程度不断加深,后 IP 技术和新的 IT 架构技术的发展,云计算已从一个技术理念逐步落地,形成技术驱动力。不少国家对云计算广阔的市场前景和巨大的产业机遇高度关注,纷纷出台相关战略规划和政策措施,以加快推动云计算的发展和应用,抢占未来云计算产业的战略制高点。同时,云计算相关概念和技术发展的走向及其影响,在国内学术界、产业界已引起了广泛的关注和讨论,形成了政策驱动力。

8.1.2　云计算定义及特征

由于云计算涉及太多的领域和应用场景,而且各类厂商代表各自的不同利益,使得云计算成为有史以来最为混乱的技术概念。云计算迄今为止并没有一个权威性的定义,不同的组织从不同的角度给出了不同的定义,根据不完全的统计至少有 25 种以上。

8.1.2.1　从运营商角度定义云计算

由于业界对云计算没有统一的共识,电信运营商从网络基础设施、运营可信、服务支撑多因素分析,提出以下云计算定义。

云计算是一种新的计算方法和商业模式。通过虚拟化等技术按照"即插即用"的方式，自助管理运算、存储等资源能力形成高效资源池，以按需分配的服务形式提供计算能力，并且可通过公众通信网整合 IT 资源和业务，向用户提供新型的业务产品和新的交付模式。

8.1.2.2　云计算特征

云计算典型特征是：资源共享、按需分配、弹性调度、服务可扩展和普遍接入。

1．资源共享

云计算可以类似于水电等基础设施行业，提供公共计算能力，能够充分利用闲置的资源，通过共享方式进行服务。

2．按需分配

云计算可以依据云应用的资源情况，主动调整、调度资源分配，支持根据应用要求快速配置资源，并能适应要求弹性分配资源。

3．弹性调度

云计算通过虚拟化技术实现资源的快速迁移，减少故障的风险。

4．服务可扩展

"云"的规模可以动态伸缩，满足应用和用户规模增长的需要。

5．普遍接入

云计算接入的地域不受限制，可以在任意位置，使用各种终端获取应用服务。

6．系统安全

云计算可以保障数据传输的安全，并选择适合的加密手段保证系统的安全。

7．地理分布

云计算提供的资源地理是分布式的，通过虚拟技术统一融合。

8.1.2.3　云计算分类

按服务方式分类，云计算服务方式如图 8-1 所示。

需要说明的是，这几个层次并没有严格的依赖关系，如 PaaS（平台即服务）可以构建在 IaaS（基础设施即服务）之上，也可以直接构建在数据中心之上；SaaS（软件即服务）可以构建在 IaaS 之上，也可以构建在 PaaS 平台之上（统一的运行环境和数据模型）。

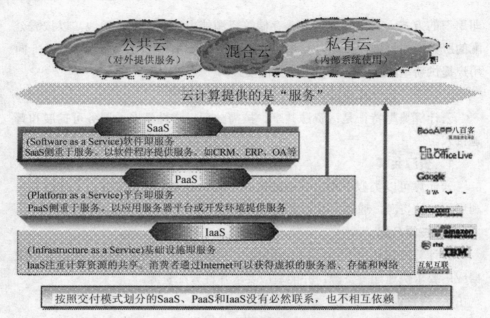

图 8-1　云计算服务方式

1．IaaS

IaaS 以服务的形式提供虚拟硬件资源，如虚拟主机/存储/网络/数据库管理等资源。用户无需购买服务器、网络设备、存储设备，只需通过互联网租赁即可搭建自己的应用系统。

2．PaaS

PaaS 是指云计算服务商把公有的能力进行提取，以开放的接口，提供给个人及第三方进行开发与使用，如提供互联网应用程序接口（API）或运行平台，用户基于服务引擎构建该类服务。

3．SaaS

SaaS 是一种通过 Internet 提供软件的模式，厂商将应用软件统一部署在自己的服务器上，客户可以根据自己的实际需求，通过互联网向厂商定购所需的应用软件服务，按定购的服务多少和时间长短向厂商支付费用，并通过互联网获得厂商提供的服务。用户不用再购买软件，而改用向提供商租用基于Web 的软件来管理企业经营活动，且无需对软件进行维护，服务提供商会全权管理和维护软件，软件厂商在向客户提供互联网应用的同时，也提供软件的离线操作和本地数据存储，让用户随时随地都可以使用其定购的软件和服务。对于许多小型企业来说，SaaS 是采用先进技术的最好途径，它消除了企业购买、构建和维护基础设施与应用程序的需要。在这种模式下，客户不再像传统模式那样花费大量投资用于硬件、软件、人员，而只需要支出一定的租赁服务费用，通过互联网便可以享受到相应的硬件、软件和维护服务，享有软件使用权和不断升级，这是网络应用最具效益的营运模式。

8.1.3 云计算与相关技术的比较

互联网的快速发展，在经过单机计算、并行计算、分布式计算、网格计算等技术后，云计算成为了计算技术发展的重要方向，如图 8-2 所示。

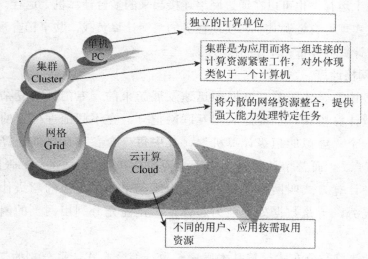

图 8-2 云计算技术的发展

1．单机计算

最初的计算时期计算节点相互独立，通过单机完成所有的计算能力，单机计算速度快，由于是封闭式系统，所以安全性很强，目前单机计算仍旧是一种重要的计算使用方式。尽管目前单机出现了多核技术，但仍旧是单机的计算技术。

2．并行计算

并行计算是指同时使用多种计算资源解决计算问题的过程。传统地，串

行计算是指在单个计算机（具有单个中央处理单元）上执行软件写操作。CPU
逐个使用一系列指令解决问题，但其中只有一种指令可提供随时并及时的使
用。并行计算是相对于串行计算来说的，并行计算分为时间上和空间上的并
行。时间上的并行就是指流水线技术，而空间上的并行则是指用多个处理器
并发的执行计算。并行计算主要是空间上的并行问题，即将计算任务分成多
份，并提交到多个计算节点进行处理，但此方式划分的任务之间具有很强的
关联性，容错性较差，导致并行计算的价格较高，目前此计算模式仅较多地
使用于科学计算中。

3. 分布式计算

分布式计算就是两个或多个软件互相共享信息，计算任务既可以在同一
台计算机上运行，也可以在通过网络连接起来的多台计算机上运行。分布式
计算可以实现稀有资源共享，实现任务的平衡计算负载。共享稀有资源和平
衡负载是计算机分布式计算的核心思想之一。

4. 网格计算

网格计算是伴随着互联网而迅速发展起来的，专门针对复杂科学计
算的新型计算模式。主要是利用互联网把分散在不同地理位置的计算机
组织成一个"虚拟的超级计算机"，其中每一台参与计算的计算机就是
一个"节点"，而整个计算是由成千上万个"节点"组成的"一张网格"，
所以这种计算方式叫网格计算。这样组织起来的"虚拟的超级计算机"
有两个优势，一是数据处理能力超强；二是能充分利用网上的闲置处理
能力。

并行计算与分布式计算基本原理一致，但分布式计算分割的任务相互
独立，通过将任务分配至多个计算节点进行计算，而后进行结果验证以保
证运算的稳定性，而并行运算的分割任务相互关联，分布式运算基于
C++/Java等高级语言，而并行运算基于MPI等专用语言。网格运算是分布
式运算的延伸，通过利用计算节点的部分技术资源，组成超级计算处理器
进行运算。

5. 云计算与相关技术的关联和比较

1）云计算与网格计算

云计算与网格计算的比较如表8-1所示。

表 8-1 云计算与网格计算比较

	云计算	网格计算
目标	提供通用的计算平台和存储空间，提供各种软件服务	共享高性能计算力和数据资源，实现资源共享和协同工作
资源来源	同一机构	不同机构
资源节点	服务器/PC	高性能计算机
虚拟化视图	虚拟机	虚拟组织
计算类型	松耦合问题	紧耦合问题为主
应用类型	数据处理为主	科学计算为主
用户类型	商业社会	科学界
付费方式	按量计费	免费
标准化	尚无标准，但已经有了开发云计算联盟 OCC	有统一的国际标准 OGSA/WSRF

2）云计算与分布式计算、并行计算

分布式计算是指在松散或严格约束条件下使用一个硬件和软件系统处理任务，这个系统包含多个处理器单元或存储单元，多个并发的过程，多个程序。一个程序被分成多个部分，同时在通过网络连接起来的计算机上运行。分布式计算类似于并行计算，但并行计算通常用于指一个程序的多个部分同时运行于某台计算机的多个处理器上。分布式计算通常必须处理异构环境、多样化的网络连接、不可预知的网络或计算机错误。

云计算强调基于虚拟化等技术，在分布式的硬件环境上提供共享资源服务。

3）云计算与效用计算

效用计算是一种分发应用所需资源的计费模式。云计算是一种计算模式，代表了在某种程度上共享资源进行设计、开发、部署、运行应用，以及资源的可扩展收缩和对应用连续性的支持。效用计算通常需要云计算的基础设施支持，但并不是一定需要。同样，在云计算之上可以提供效用计算，也可以不采用效用计算。

4）云计算与 P2P

P2P 技术也属于分布式计算的一种，对互联网产生了巨大影响，它和云计算既相似又有不同。

● 在架构上，云计算与 P2P 理念不同。云计算以服务器集群为中心，计算和数据存储都由网络中的云端完成，终端可以只实现输入输出。而 P2P 强调去中心化理念，实现对终端能力的充分挖掘，网络只是传输管道。

● 在服务质量上，P2P 网络具有天然的高动态性，这种动态性导致 P2P 的应用性能存在天然缺陷；云计算的服务器集群具有高度的稳定性，这使得基于云计算实现的应用范围要更为广泛。

● 在对网络流量的效果上，P2P 产生的流量具有上下行趋于相等的趋势，而云计算服务器之间是分布式结构，但对外类似 C/S 模式，流量具有天然的非对称特点，符合现阶段的网络带宽特点。

● 在对运营商的影响上，P2P 对运营商产生的冲击就是扩容、扩容再扩容，对运营商网络产生了无限的带宽需求，P2P 占用了大部分网络带宽，但运营商却没有获得更多的收益；而云计算的发展建设会加剧对超大规模数据中心的需求，或对运营商带来新一轮商机。

8.1.4　基于云计算技术的未来融合网络架构

随着宽带网络的快速发展，电信业务和互联网业务的相互渗透与融合，电信运营商开始迈入向信息服务转型的关键发展阶段。这将在未来几年给电信领域带来一系列深刻的变化，对现有的电信网络架构提出严峻的挑战。云平台是未来融合网络架构的核心（如图 8-3 所示），将带来个人和企业获取业务能力的全新的商业模式。

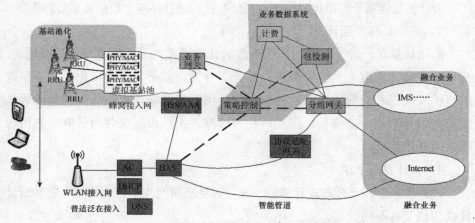

图 8-3　基于云计算技术的未来融合网络架构

在接入方面，云计算技术为未来融合网络架构带来两个主要方面的变化：①以 7 号信令为代表的话音业务的主体被以 Web 为代表的数据业务替代，以 Web 为代表的 IT 技术成为电信业务的主导技术，实现业务的 IT 化。②新一代分布式计算技术替代传统单机的计算，成为新的计算和存储模式；这种新的计算模式采用分布式和虚拟化两个关键技术，实现了"软件与业务的解耦"，普适的泛在接入彻底抛弃了过去传统电信烟囱式的业务垂直系统，通过虚拟化、资源共享大大提升了资源的利用率和资源使用的弹性，从而大大提升业务部署速度和处理能力。

在传输方面，面对海量信息的传送，未来网络需要实现可管可控的智能化管道，做到超带宽、可视化、可运维及低成本。因此，基站的小型化、多网协同融合以及自组织运维是最重要的技术。全网的 IP 化已经成为业界共识，并取得了长足的进展。IP 技术作为一个与业务无关的技术，成为接入网、城域网、骨干网等设备的共同的技术，成为下一代网络的核心，IP 以其开放性、统计复用的高效率成为降低网络成本的关键。

在业务方面，云技术进一步促进网络业务的不断融合。所有的业务软件共享所有的计算和存储资源，从而促进数据中心"云化"和业务"云化"。各种业务（如通信、短信、彩信、IPTV、Appstore、网管、BOSS 等）运行在云计算数据中心上，向分布式计算的模式迁移。

8.2 融合网络的信令数据分析

8.2.1 信令监测平台发展概述

通信网络正在向多网合一、多网融合方向发展，而 OSS/BSS 等支撑系统也逐渐向综合性、平台化、水平化的方向演进。现有信令监测系统的垂直化设计架构已不符合运营商支撑系统整体发展趋势，不仅增加了建设成本，而且增加了服务响应时间，难以及时向业务和管理部门提供业务分析的需求。

云计算的出现使得信令监测平台向整合统一方向发展，信令分析向海量数据处理方向发展。统一的信令监测平台，符合运营支撑系统集中化、综合化、平台化的总体发展趋势，同时实现多系统、多厂家之间资源的重新整合，有效避免资源与投资浪费。云计算 IaaS 服务模式可在信令监测平台的基础资源上进行水平化整合，实现资源的统一管理和调配，实现统一的信令资源管理和统一的信令采集数据，打造低成本、低能耗、高效益、高可靠的统一信令监测平台系统，并开放基于信令分析的业务研发能力，通过 PaaS 方式提供给第三方，增强新业务适配的精准化能力和快速响应能力，为运营商提供更精准的个性化服务。利用云计算的共享信令数据资源池和海量信令数据处理能力，不仅能够减少新业务的推出成本，更重要的是能够缩短新业务从研发到应用的周期，快速抢占市场的热点业务，大大增强用户的黏滞力，从而使对外业务运行于高 ARPU 值状态。

信令监测平台的整合，使上层应用的需求仅面对一个综合平台，接口唯一化更有利于基于信令数据的各类上层应用的扩展。原始数据、CDR 数据在格式上达到统一，能够实现端到端分析等综合性的应用分析。由此可见，基于云计算的统一信令监测平台已成为发展的趋势。

8.2.2 信令监测平台功能特点

基于云计算的统一信令监测平台需要拥有横向的、融合的体系架构。由于信令资源池面临海量数据的抽取、存储、查询和分析挖掘等多种大运算量需求和大并发量访问给系统带来的压力，云计算中的分布式文件系统和并行计算等关键技术正好为解决该问题提供了思路。

统一信令平台需要具备以下能力。

1）平台为横向融合、采用云计算技术的体系架构，符合集中化、虚拟化、大系统、大平台的发展趋势。实现多系统、多厂家之间资源的重新整合，利用虚拟化技术共享信令存储资源、信令处理资源，有效避免资源与投资浪费。对于信令监测系统采集层、处理层、应用层等各层应具有的功能进行定义，使全系统的层次更加分明、清晰，建立完善的系统功能架构。通过各层的规范化、标准化，通过 PaaS 方式提供了一个开放的框架体系，减少第三方基于信令监测数据开发业务的研发与应用周期。

2）实现全网统一的信令存储，解决数据共享问题。统一的数据存储保证了信令数据的完整性、一致性、独立性以及持久性。

3）对已有的信令采集设备完全兼容。

4）实现统一的原始数据等规范。统一的原始信令数据格式保证了各系统间交互的简便性，解决了不同设备系统共享信令数据的问题。

5）提供统一的对外接口，可作为其他扩展应用或第三方系统的唯一信令数据的接口。统一的外部接口为信令应用层使用信令数据提供了保证，外部接口需要保证信令传输的正确性、完整性和安全性。

6）对信令监测数据的分析和挖掘，采用云计算中的分布式数据库和并行计算技术（如 MapReduce），实时地进行数据处理，同时提高数据日常管理、数据加载、运行性能、容灾备份等方面的性能。

8.2.3　信令监测平台架构

信令监测系统采用分层架构，包括采集层、统一存储层、统一处理层和应用层。

1．采集层

采集层将各采集平台进行整合，实现对链路中各种物理接口和协议的实时数据采集。随着网络 IP 化进程的加快，目前通信网络处于 7 号信令和 IP 信令共存的状态，信令采集主要是针对这两种信令。采集层将原始信令数据统一送到统一存储层存储。

2．统一存储层

统一存储层是基于云计算技术实现的分布式云存储系统，支持大并发量访问和高工作负荷。统一的存储保证了信令数据的完整性、一致性、独立性以及持久性，并实现了原始信令数据的多处理和应用共享。

3．统一处理层

统一处理层接收统一存储层的信令数据，首先进行解码分析预处理，进一步可根据需求进行信息提取、数据合成、统计及海量数据挖掘，或直接转发至应用层，为应用系统提供原始数据。

本层利用云计算 IaaS 服务方式整合硬件资源，基于服务器虚拟化实现计算资源高度复用，提高利用率，并可通过并行计算技术充分利用海量数据进行分析挖掘，提高结果精确性。通过对外接口 API，采用 PaaS 方式向上层业务应用提供开发能力，便于业务能更快、更好地适应市场变化和用户的需求。

4. 应用层

位于顶层的应用层可以在下层对外接口的基础上提供丰富的业务应用，如漫游欢迎短信、数据业务分析、业务质量监测、业务质量问题分析、客户服务支撑等。借助多种业务应用，运营商可全面掌握网络情况，并对市场动向做出快速反应，同时依据用户行为特点对市场分析给予指导性意见。

8.2.4　海量信令数据挖掘

随着移动通信网中业务的多样化，各类基于信令监测平台的应用系统蓬勃发展，信令分析挖掘的内涵也逐渐变得丰富起来。用户的满意度已不仅停留于简单的业务上，他们将对更高层次的服务提出要求，更多地根据服务质量决定对网络的选择。随着网络和业务的发展，可直接测量得到的体验与真实用户体验之间的差异越来越大，传统网络质量考核体系已不能够客观地反映客户感知。

海量信令数据挖掘能够发现隐含在大规模数据中的知识，基于用户行为分析，提高信息服务的质量。云计算为海量和复杂数据对象的数据挖掘提供了支持，采用分布式数据库和 MapReduce 等技术，可实现对信令数据的高速处理和计算，细化分析粒度，支撑市场发展需求。业务质量监测、业务质量问题分析和客户服务支撑是海量信令数据挖掘的典型应用。

1. 业务质量监测

业务质量监测是海量信令数据挖掘最重要的应用场景，在这种应用场景中，系统从各网管支撑系统中获取售前、售中、售后的各类业务性能指标（业务开通 KPI、业务使用 KPI、售后服务 KPI 等），通过 KPI 标准化、指标聚合过程，形成业务质量指标（KQI），业务管理者可以借助业务监测功能实时监测各种业务的质量变化。

2. 业务质量问题分析

通过业务质量问题的分析与解决，可形成闭环的业务质量管理。问题的分析过程是指标监控过程的一个逆过程，当监控模块发现业务质量指标下降，将会把 KQI 指标进行逆运算，映射为 KPI 指标，之后通过对 KPI 指标的呼损分析，对问题进行定位。最终将以分析报告的形式给出优化建议。

3．客户服务支撑

传统的客户服务工作往往是被动的，问题都是通过客户的投诉或"抱怨"产生，而通过海量信令数据挖掘可获取用户对业务的感知，及时主动发现与解决问题，对用户进行客户关怀，将会在很大程度上提高对客户服务的水平与企业竞争力。

8.3 融合网络的智能控制

网络的智能控制主要收集、存储、处理网络运营数据，为网络智能管理提供支撑，并可结合业务和用户数据，动态地产生控制策略，一方面可以将控制信息下发到路由器、交换机、HLR（归属位置寄存器）、STP（信令转接点）及基站等网络设备，调整这些网络设备的运行参数，使得网络可以智能、实时地适配业务和用户的使用要求；另一方面，这些网络信息还可以为业务系统和用户所利用，如位置信息可作为定位服务的业务参数。

8.3.1 智能控制系统功能

网络数据子系统的功能可划分为采集、分析和控制 3 部分。采集功能主要是指通过外部的数据适配工具，从各个网络系统网元中获取网络的相关数据，并通过数据同步、比对、入库等流程录入数据库，实现各专业类型网络的运行数据和参数的统一管理与存储。

网络数据子系统收集的网络信息总结如表 8-2 所示。

表 8-2   网络信息

网络类型	数据
传输网络资源	WDM/PDH/ASON/SDH/PCM/MSTP/DXC、BITS、微波、卫星等网络的网元节点设备、系统、系统路由、传输节点、电路、电路路由、时隙、通道、通道路由、复用段、逻辑端口、光路、光路路由、波道、波道路由
数据网络资源	基础数据网：网元节点、（ATM、DDN、帧中继、分组交换等网元）节点设备、节点设备端口、ATM 逻辑端口、DDN 逻辑端口、FR 逻辑端口、客户电路、中继电路
	IP 网：网元节点、节点设备、IP 网端口、IP 网逻辑端口、VPN 电路、IP 专线、互联中继电路

（续表）

网络类型	数据
固网交换网络资源	传统交换网：交换网节点、（端局、汇接局、远端模块、关口局等）节点设备、模块、交换网设备端口、信令点、信令转接点、信令链路、信令链路组、中继电路、中继线、中继群、话务路由、信令路由
	软交换网：软交换节点、软交换控制设备、业务服务器设备、信令网关、接入网关、中继网关、综合接入设备、信令链路、信令链路组、中继电路、中继线、中继群
	智能网资源：智能网节点，智能网的各类节点设备（SSP、SCP、SMP、SDP、AIP）、智能网端口
综合接入网资源	光接入网：OLT 设备、ONU 设备、光分路器、V5 接口、L3 地址、ONU 用户端口、光路段、中继群
	ADSL 接入网：DSLAM 节点设备、DSLAM 端口
	LAN 接入网：园区交换机、楼层交换机设备、设备端口
	WLAN：AP、AC
移动无线网	无线网资源：无线网络控制（RNC）、Node-B、BBU、RRU、基站控制器（BSC）、基站（BTS）（含用于室外覆盖的微蜂窝）、分组控制单元（PCU）、天馈系统、直放站及室内分布系统设备、小区、中继电路
	基站配套资源：铁塔、基站开关电源、蓄电池组、基站空调、数据采集设备、浪涌抑制器（防雷器）、移动油机、交流配电箱
移动核心网	无线核心网电路域设备资源：移动交换中心网关(GMSC)、综合网关（IGW）、移动业务汇接中心（TMSC）、归属位置寄存器（HLR）/鉴权中心（AUC），软交换的 MSC 服务器（MSC Server）、媒体网关（MGW-包括 GMSC 媒体网关 GMGW，TMSC 媒体网关 TMGW）信令网关（SG）网元设备
	移动核心网分组域设备资源：GPRS 服务支持节点（SGSN）、GPRS 网关支持节点（GGSN）
	CE 类设备：边界网关（BG）、计费网关（CG）、域名服务器（DNS）、客户边缘设备（CE）、防火墙和网络时间协议服务器（NTP Server）设备
	智能网设备资源：业务交换点（SSP）、业务控制点（SCP）、业务管理点（SMP）、业务管理接入点（SMAP）、SACP 设备
	其他资源：中继群、中继线、局间信令链路、信令链路组、中继电路、路由（信令、话务）、信令点、信令转接点

分析功能主要是根据采集功能收集到的各类网络信息，以及网络运营商事先或实时录入的网络管理策略，来分析网络的运行现状，判断网络运行的实时状况是否符合运营商制定的运行策略、网络中业务和用户的需求，并给出需要调整的网络位置和参数。

控制功能是根据收集到的网络信息和分析结果对网络进行控制管理，主要是对网络以及网络单元或设备进行服务性能监视，根据相关的服务性能统计数据，评价网络和网络单元的有效性，报告网络设备的运行状态，实现网络负荷管理和网络管理功能，支持全程全网的网络分析和管理。

8.3.2　融合网络的管理内容

网络数据子系统通过收集和采集到的网络数据，可以对网络进行全面的管理和控制，其管理内容总结如下。

1．拓扑管理

拓扑管理用于构造并管理整个网络的拓扑结构，控制系统通过自动加载网络设备的拓扑数据，形成与实际网络拓扑结构相同的拓扑视图。通过浏览网络拓扑视图能够实时了解整个网络的运行情况，可以与告警管理、配置管理、性能管理等结合起来，高效地实现相应的管理功能。

系统的拓扑图能够在结合网络的性能数据和告警数据后，用于监视网络的设备运行状态和运行状况，反映设备配置的变更情况，及时呈现网元的告警信息和性能数据。拓扑监视能及时反映网络状态，对网络中的重要设备能实时发现其状态变化，对非重要设备可以设置合理的轮询间隔，以保证在拓扑监视中能够及时发现故障。

2．告警控制

告警按照来源可分为设备类、板卡类、端口类、通信类、协议类、安全类、性能类、网管类等类型；针对各种告警可进行分级以表示严重程度；同时能够对告警条件、类别、级别、显示风格进行设定。根据链路、网元、板卡、端口上告警的情况，用不同的图例表示当前告警的级别；同时，能够在拓扑视图中呈现网元的简要告警信息，并可进一步快速查看详细的告警信息。

3．配置管理

系统应支持对设备配置文件的手动/自动备份、自动/手动下发，同时可以进行配置文件的检索、对比。

系统可定期（时间间隔可设置）自动或手动发现网络设备的各类详

细硬件配置信息及其状态，如槽位、板卡、端口、地址、操作系统版本等，并可以自动或手动确认发现的信息。同时，系统需定时轮询设备具体的资源，在发现设备的资源和网管系统中保存的资源信息不一致时，产生告警信息。设备的软硬件配置变更后，系统应记录详细的配置变更及变更结果。

系统可对链路资源信息进行统计查询，提供链路的状态；同时，提供多种组合条件对链路资源进行查询。系统应对过度使用资源的情况进行预警，如链路带宽利用率。系统需要有资源统计功能，主要是对设备及链路的使用情况进行统计。

4．性能管理

网管系统能够对设备的性能指标进行监视，包括 CPU 占用率、内存占用率、DNS 解析时延、DNS 解析成功率等，提供系统资源利用与性能变化的各种统计分析报表，提供对网络中设备之间的直连链路/链路组的性能进行实时监测和历史查询的功能，比如流入流量、流出流量、带宽利用率等。

本章小结

当前 IT 业的第二次"合"的潮流，解读为按照"共享、按需、弹性、服务"的原则，服务器端硬件、软件被整合为共享资源，用户只需要通过网络从服务器端获取各种各样的服务和能力，不需要独占拥有计算、存储能力，这就是基于云计算技术的未来融合网络。未来融合网络可以实现信令监测平台向整合统一方向发展，信令分析向海量数据处理方向发展；能够实现大量的资源按照动态、需求的方式流动和部署。

参考文献：

[1]GOLDING P. Next Generation Wireless Applications: Creating Mobile Applications in a Web 2.0 and Mobile 2.0 World [M]. WileyBlackwell, 2008.

[2] 王春海，宋涛. VPN 网络组建案例实录（第 2 版）[M]. 北京：科学出版社，2011.

[3] MURTY J. Programming Amazon Web Services: S3, EC2, SQS, FPS, and SimpleDB [M]. O'Reilly Media, 2008.

［4］文继荣，毛新生，孟小峰等. 分布式系统及云计算概论[M]. 北京：清华大学出版社，2011.

［5］管磊. P2P 技术揭秘：P2P 网络技术原理与典型系统开发[M]. 北京：清华大学出版社，2011.

［6］李念强，魏长智，潘建军. 数据采集技术与系统设计[M]. 北京：机械工业出版社，2009.

［7］TAN P N, STEINBAC M, KUMAR V. 数据挖掘导论[M]. 北京：机械工业出版社，2010.